大话模式识别

王玮 文杰 徐勇 王京华 著

清华大学出版社
北京

内 容 简 介

本书通过通俗易懂的方式,引导读者掌握模式识别的核心概念,摒弃传统教材中复杂的公式和抽象理论,借助日常生活中的实例,将模式识别的原理直观地展现给读者,使其在轻松阅读中深入理解并掌握这门学科。此外,本书精心选取了大量贴近实际的案例和应用场景,生动展示了模式识别在解决现实问题中的应用价值。通过这种理论与实践紧密结合的讲解方式,读者将更直观地理解模式识别的实际价值和应用潜力。

本书适合各类读者群体,无论是初学者、具有一定基础的学习者,还是行业内的专业人士,都能从中受益。初学者可以借此入门,进阶者可以深化理解,从业者可以提升专业技能。通过对本书的学习,读者不仅能获得扎实的模式识别知识,还能将其应用于实际问题,全面提升专业水平。

图书在版编目(CIP)数据

大话模式识别 / 王玮等著. -- 北京:清华大学出版社,2025.7. -- ISBN 978-7-302-69886-9

Ⅰ. O235

中国国家版本馆 CIP 数据核字第 20250ZU143 号

责任编辑:龙启铭　王玉梅
封面设计:刘　键
责任校对:刘惠林
责任印制:杨　艳

出版发行:清华大学出版社
　　　　网　　　址:https://www.tup.com.cn,https://www.wqxuetang.com
　　　　地　　　址:北京清华大学学研大厦 A 座　　　邮　　编:100084
　　　　社 总 机:010-83470000　　　　　　　　　　邮　　购:010-62786544
　　　　投稿与读者服务:010-62776969,c-service@tup.tsinghua.edu.cn
　　　　质量反馈:010-62772015,zhiliang@tup.tsinghua.edu.cn
　　　　课件下载:https://www.tup.com.cn,010-83470236
印 装 者:三河市铭诚印务有限公司
经　　　销:全国新华书店
开　　　本:185mm×230mm　　　印　张:11.5　　　　　　　字　　数:230 千字
版　　　次:2025 年 9 月第 1 版　　　　　　　　　　印　　次:2025 年 9 月第 1 次印刷
定　　　价:49.00 元

产品编号:107704-01

前言

在今天的智能科技时代,模式识别已经渗透到我们生活的方方面面。从手机的人脸解锁,到语音助手的识别和理解,再到自动驾驶汽车在复杂环境中的安全行驶,模式识别为这些应用提供了核心支持。它通过从海量数据中找出规律和特征,帮助机器"看懂"世界、作出判断。可以说,模式识别和人工智能的广泛应用已经极大地提升了医疗、金融、制造等领域的效率和安全性。因此,理解模式识别的基本原理,不仅是进入人工智能世界的敲门砖,也是未来科技创新的重要基础。

本书希望以轻松易懂、实用高效的方式带领读者进入模式识别的世界。与传统教材不同,本书并不试图用晦涩的公式和复杂的推导去堆砌内容,而是立足于通俗的科普,通过简单易懂的语言和贴近生活的案例,将模式识别的核心思想和基本方法逐步呈现出来。我们认为,即便是零基础的读者,也可以在清晰的解释和生动的故事中抓住模式识别的本质,逐步了解如何通过数据挖掘和特征提取来"看懂"世界。本书不只是理论知识的讲解,更希望让读者在轻松的阅读体验中领悟到模式识别的趣味与实用性,使这门学科不再高高在上,而是可亲可近、触手可及。

为了达到这样的效果,我们设计了许多生动的场景和实例,将模式识别的复杂概念化繁为简。这些场景和实例帮助读者将抽象的知识与实际情境建立联系,让模式识别不再仅仅停留在书本中,而是成为能够解决现实问题的工具。一个有趣的点是,本书的绝大部分插图都由 AI 生成,在生动展示相关内容的同时,也让读者能够切实地体会到 AI 技术带来的行业改变。具体来说,本书在写作时希望能让读者感受到以下特点。

深入浅出,聚焦核心。模式识别涉及的理论和方法繁多,但我们相信,不必过多纠缠于复杂的公式也可以理解其核心思想。因此,本书对内容进行了精心挑选,去繁就简,帮助读者在不被繁杂细节干扰的前提下,抓住关键概念。我们用直白的语言和清晰的逻辑,带领读者一步步了解模式识别的本质,让读者对每个核心概念有一个清晰的认知。

生活化的实例,让知识触手可及。为了让模式识别更贴近生活,我们将抽象的理论和日常场景结合起来,通过生动的例子帮助读者理解。例如,当讲到概率决策时,我们会用"是否做手术"的场景,展示如何在不确定的情况下作出最优选择;在解释聚类分析时,我们用快递站点的分布来说明如何更高效地分类。通过这些身边的例子，读者会发现模式识别并不遥远，它和我们的生活息息相关，让学习过程变得有趣且易于理解。

开阔视野，培养模式识别思维方式。本书不仅着眼于知识的讲解，更致力于帮助读者培养一种分析问题的思维方式，即模式识别的思维。这种思维方式强调如何通过观察、总结、抽象来识别模式，并在不确定性中作出合理判断。为此，我们在书中精心设计了一些推导过程和问题引导，鼓励读者在学习每个概念时都思考其背后的逻辑。例如，在讲解基于概率的模式识别问题时，我们不仅介绍如何计算概率，还引导读者思考"为什么要使用这种概率模型""这种方法在何种情境下最有效"。通过这种引导式的思考，希望读者能在掌握知识的同时，逐步培养在复杂场景下识别模式、分析决策的能力。我们相信，这样的思维方式不仅对学习模式识别有帮助，还将为其他领域的学习和工作提供一种全新的视角，让读者在面对不确定性问题时具备更多的分析工具和解决方法。

本书适合各类读者群体，无论读者处于何种学习阶段或有何种专业背景，都可以从中获益。对于刚入门的读者来说，本书是通往模式识别世界的一把钥匙，即使没有数学基础，也可以通过简洁易懂的讲解逐步了解这一领域。对于已有一定基础的读者，本书提供了更深入的内容，帮助读者拓展思维、深化理解，并激发新的想法。书中的推导、问题引导和实例分析，也为读者探究模式识别的本质提供了启发。对于在模式识别或相关领域工作的工程师和从业人员，本书是一个回顾和扩展的好工具，帮助读者夯实基础，理解概念的实际应用，并灵活应用到工作中。我们希望本书能成为读者的学习伙伴，陪伴读者走过模式识别的学习过程，让这门学科不再神秘，成为读者真正掌握并运用于学习和工作的可靠工具。

本书由王玮、文杰、徐勇、王京华共同撰写，各位作者在模式识别及相关领域均具有深厚的学术积累和丰富的教学经验。本书的第 1、2 章由徐勇负责撰写，介绍了模式识别的基础知识以及概率与统计在模式识别中的应用；第 3 章由文杰负责撰写，对模式识别中的聚类问题进行了深入的讲解和分析；第 4～7 章由王玮和王京华负责撰写，详细介绍了模式识别的其他核心方法、模式识别系统训练及其应用实例，探讨了模式识别在实际应用中的前沿案例和未来发展方向。四位作者精心撰写、通力合作，为本书内容提供了清晰、系统的结构，带来了易懂且实用的学习资源。希望本书能为读者带来实质性的帮助和启发。

作　者

2025 年 5 月

目录

第1章

绪 论

1.1 模式识别的核心概念——是什么

什么是模式识别呢？模式识别也叫模式分类，概略地说，就是事物具有不同的类别，将一个具体事物判定到某个已知类别中的过程，就叫模式识别/分类。

人和大多数动物都有很强的模式识别能力。通过这种能力，动物可以辨认同类、找到食物和水源。假如没有了模式识别的能力，很多高等动物都会面临生存危机。对于我们人类自身而言亦如此，我们的大脑几乎无时无刻不在执行着模式识别的工作。事实上，人们听、说、读、写的能力都建立在大脑模式识别能力基础之上。

那么，作为一门学科，模式识别是研究什么问题的呢？简单地说，该学科希望借助算法和模型，让机器拥有像人类一样的认知能力。这是在不断探索未知和追求便捷的人类在信息社会萌发出来的自然而然的需求。因为不断追求便捷和高效，聪明的人类经过一代又一代的努力，推动着社会步入机械化、电气化、自动化和智能化的时代。甚至可以说，正是这种不懈追求，让人类文明不断发展和进步。这些进步，让人类可借助马车、自行车、汽车、火车、飞机甚至宇宙飞船，以越来越快的速度跨越空间的限制探索未知。同样地，这些进步也让人类得以进行越来越高效和精准的计算，以及更大量和更便利的信息交流与交换，同时可享受越来越丰富的物质文化生活。

机器拥有模式识别能力的意义何在？其意义在于它能够便利人们的生活，推动科技进步和社会发展。例如，在医疗领域，可用于医学影像、生物医学信号、化验数据的分析，辅助医生进行疾病诊断，提高诊断准确性、速度、可解释性等，甚至可用于早期疾病诊断，从而挽救更多生命。在工业自动化中，可用于监控生产线上的产品质量，监测工厂设备状态,降低生产成本,提高生产效率。在智能交通领域,可用于识别交通状态,优化交通管理,减少交通拥堵和交通事故。在城市安防领域,可应用于异常监控预警,防范异常和灾害,保障社会安全。另外,以"萝卜快跑"为代表的无人驾驶出租车的成功落地也离不开对车辆周围环境的感知和识别。如果说自动控制是机械与电气时代的灵魂,智能化是当今所处信息社会的灵魂,机器的模式识别能力则是智能化社会的核心基石。

那么,如何达成机器的模式识别呢?我们知道,人类的模式识别能力建立在眼、耳、口、鼻以及手和皮肤对外界的感知能力的基础之上。感知到的信息送入人类的大脑加工处理后,人类即可得出分类结果并作出相应的应对。机器的模式识别同样需要相似的过程,即首先通过传感器获取数据,然后对数据进行适当处理(包括剔除噪声、特征抽取),最后由专门的模式识别算法作出分类决策。

我们知道,与婴幼儿相比,正常成年人听得懂十分复杂的语言,能认识多得多的事物与文字。这实际上体现了正常成年人具有比婴幼儿强得多的模式识别能力。是什么导致了这样显著的差异呢?显然,是"学习"。成年人具有的看似超强的模式识别能力,几乎全部来自学习。在襁褓中的幼儿,会有父母、亲人反复教其说话。在课堂上的小学生,有老师耐心地教其认字。此处的"学习"一词,也可以用术语"训练"代替。可以说,从婴幼儿开始,人类就在接受着各种模式识别问题的训练。时间越长,经历越多,这样的训练就越充分,获得的模式识别能力就越强,能正确区分的事物类别就越多。在所有高等动物中,人类是婴幼儿期最长的,也许就是因为在高度复杂的人类社会中,人类需要学习的东西最多吧。

与人类的模式识别能力受益于训练类似,机器的模式识别能力(准确地说,应该是算法和模型的模式识别能力)也得益甚至是依赖训练。用于训练算法和模型的样例(也称样本)就称为训练样例(或者训练样本)。训练是模式识别学科最重要的概念之一。训练样例好比人类在模式识别能力训练过程中,学习过的模式的实例(譬如,遇到过的被称为"山羊""狗"的实例)。用模式识别学科的术语来说,训练样例必须已知类别标签;如图1.1所示,这好比一个幼儿,第一次在动物园见到一只长角的中等身长的常见陆地哺乳动物时,大人告诉他这种动物叫山羊,此处长角的陆地哺乳动物就是一个样例,而"山羊"则属于该动物的类别标签。幼儿在被告知该类别标签后,其大脑中就会产生关于该类别标签与所见到的长角的陆地哺乳动物的特征(特点)的联系,这就是幼儿的模式识别能力受到训练的一个形象例子。

图 1.1　人类学习

1.2　模式识别系统——如何训练

与人受到模式识别能力训练的方式相似,模式识别算法和模型的训练也旨在建立类别标签与相应训练样例的特征之间的关联关系。算法和模型训练得越充分,其性能一般会更好。训练充分的重点在于取得充足的训练样本。我们说,一个人"见多识广",其实就是指他见到过很多实例,并且辨认事物的能力通过这些实例得到了很好的训练和提升。算法和模型经过训练后,就可以应用于未知样例的判识。算法和模型的训练与应用如图 1.2 所示。

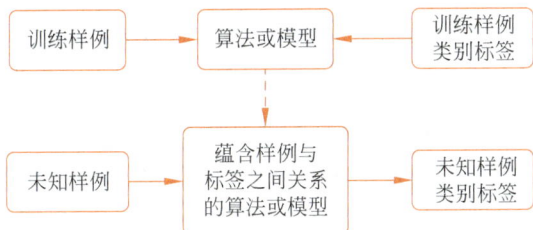

图 1.2　算法和模型的训练与应用

图 1.2 中,第一行表示在训练过程中,将训练样例及其相应的类别标签输入模型中,训练的结果为得到了蕴含样例与标签之间关系的算法或模型。第二行表示,经训练后的模型可预测未知样例的类别标签。这里所述的未知样例一般指的是属于模型训练时见过的类别,但与训练样本不同,以苹果为例,未知样例可视为长相、颜色、大小与训练样例有所区别的其他苹果图片。

训练后的模型是否具有可靠的性能呢?这需要进行相应的测试,就好比软件应用前必须经过严格的测试。模型的测试怎么做呢?一般通过构建好的"验证集"(好比软件测试中的测试样例组成的集合)来评估模型的性能。具体做法如下:分别将验证集中的每个样例输入训练后的模型中,得出其类别标签的预测值。假如样例的类别标签的预测值与其真实的类别标签相同(验证集中样例真实的类别标签已知),则认为模型对样例的分类结果正确;相反,则认为对样例的分类结果错误。显然,验证集中被正确分类的样例的个数与验证集中总样例数的比值即为模型在验证集上取得的正确率。如果正确率为一个符合预期的比较高的值,则认为模型已经得到了充分的训练。否则,则采取一定的策略(譬如,增加训练样例,调整模型参数等)重新对模型进行训练。

那么,算法或模型的模式识别能力与什么有关呢?我们知道,一个人辨认大量物体的能力与他自身智力、记忆力以及受到的训练有关。在相同智力与记忆力条件下,如果一个人在此前的训练中,已经见识和认识了大量的物体,则他/她在面对新的物体实例时,就会具有很好的辨认能力。算法或模型的模式识别能力与此类似。假如在训练阶段,一个模型已经学习了大量训练样例中的信息,则它在此后的应用中,肯定比只经过少量的训练样例训练的情况表现得要好。当然,算法或模型本身也有优劣之分(或者说对问题适用性的强弱之分),这好比人的智力与记忆力有高下之分一样。对问题适用性更强的算法或模型,在同样数量的训练样例的前提下,也会具有更强的模式识别能力。

因此,在实际应用中,我们有两个重点:一是设计或者选择对问题适用性更强的算法或模型;二是设法取得大量的训练样例,并基于此对模型进行充分训练。大量的训练样例是否让你想起了如图 1.3 所示高考前的"题海战术"呢?

既然实际模式识别问题的解决同时受算法和模型以及训练样例多少的影响,那我们应该怎么做呢?假若训练样例已经确定,且没有办法获取更多的训练样例,则我们应该根据训练样例的多寡来指导算法和模型的选择或者设计。一个基本的原则是,训练样例较少时,用于模式识别的算法和模型应该尽量简单,因为此时复杂的算法和模型会导致"过学习",亦即"过适应",英文为 overfitting。相反,当有大量的训练样例时,用于模式识

图 1.3 题海战术

别的算法和模型不应太简单；并且为了取得高的模式识别正确率，随着训练样例的不断增多，算法和模型的复杂度应该适当增加。在大规模的训练样例条件下，复杂度偏低的算法和模型并不能取得最优的精度，这就是与 overfitting 相对的 underfitting 问题。此时，算法和模型取得的分类正确率会较大程度低于其理论上的最大值。

近年来，深度学习走进了"千家万户"的研究院所和人工智能企业，开始了"走街串巷"的旅途。基于复杂的深度网络的深度学习为什么能如此火爆，其中一个重要的原因就是：作为一个复杂的模型，深度网络遇到了"梦中情人"——大量甚至海量的可用于训练的样例。我们知道，深度网络由于可以包含很多层（甚至可多达上千层），且每层拥有若干神经元，是一个复杂度很高的模型。假如训练样例少，则复杂的深度网络在训练阶段可以很快对不同类别的训练样例产生很强的适应性。所谓适应性，可以简单地类比为小学生学数学"应用题"的训练过程，假如其受训练的题目很少，学生可通过"死记硬背"的方式背下各种题目的答案，但他/她没有真正掌握知识点，只是大脑适应了题目和背下了答案。由于背下了答案，该学生在训练阶段可表现为题目基本上全会。但是，在关于这些知识点的考试（试卷题目不包括学生训练过的原题）中，该学生会取得较差的成绩。对深度网络来说，这种适应性就是 overfitting。其具体表现为，深度网络在训练样例上取得很小的训练误差，但是，将其应用于新的未知样例时，预测值与真值之间会产生很大的偏差。这种现象也称为模型的泛化性能差。泛化性能差与 overfitting 是一对"难兄难弟"，训练集上出现 overfitting 现象，则模型在应用中就必然表现为泛化性能差。在本书的最后一章，我们将详细地学习模型训练集的划分、模型的评估，以及针对 overfitting 和 underfitting 问题的解决方案等内容。

1.2.1 模式识别模型的分类——有监督和无监督

根据训练数据是否提供标签信息，可将模型或方法分为有监督、无监督和半监督三大类。对模式识别任务来说，有监督模式识别方法指在其模型训练阶段，所有训练样例均提供了类别标签信息，可用之来指导模型的训练。无监督模式识别方法是指在模型训练阶段无可用的类别标签信息。半监督模式识别方法则同时利用了无标签标注的数据和有标签标注的数据来指导模型的训练。打一个形象的比喻，有监督模式识别方法好比是有老师教的学生（图 1.4），其模型在学习（即训练）过程中，老师会告诉学生这个是什么、那个是什么，即所有题目和问题，老师都会告诉学生正确答案。在这里，题目好比是训练样例，正确答案好比是题目的类别标签。而无监督模式识别方法好比是自学的学生（没有老师教的学生），其模型在学习（即训练）过程中，没有人告诉学生正确答案。

图 1.4 有老师教的学生

1.2.2 影响模型分类正确率的因素

我们知道，人类的模式识别能力是有限的。举例来说，假如一个班上只有 10 个学生,可能老师上完一次课后就能认出所有 10 个学生。如果一个班上有 50 个学生,要求老师上完一次课后就能认出所有 50 个学生,应该相当有难度。而如果一个班上有 500 个学生,老师上完一整个学期的课后,很可能依然认不全这 500 个学生(除非老师把认识学生作为上课的主要任务之一)。这个例子中,学生人数越多,老师认错的人也会越多。这说明什么呢?说明人数越多,识别难度越大。

人类如此,那么模式识别模型是否如此呢?答案是基本如此。对一个确定的问题来说,类别数越多,一个模式识别模型所能取得的分类正确率就越低。举例来说,对于一个人脸识别系统(比如高铁入口、机场安检口等处的人脸识别系统),假如需要辨识的人的总数分别是一万、十万、百万、千万这四种情况,人脸识别的正确率肯定是逐次降低。事实上,当类别数达到一个很高的程度后,分类正确率会远低于预期值,系统一般会无法胜任实际的模式识别任务要求。如上陈述也给了我们一个印象:固定的模式识别模型往往仅在有限条件下才能够获得较好的性能。

你一定很想问:除了类别数会影响模式识别方法或模型的分类正确率外,还有哪些因素会影响其性能呢?实际上,问题或任务本身的难易程度是另一个重要的影响因素。举例来说,如果任务是区分鹰和山羊,由于二者容易区分,在其他条件基本相同的情况下,一个简单的模式识别模型都可以取得相对高的分类正确率。而假如面对的是区分玫瑰花与月季花的问题,或者需要区分外观差异性很小的两种鸟,由于这二者的区分性低,简单的模式识别方法或模型将难以应对,即难以取得满意的分类正确率。其实,模式识别学科中,所谓的细粒度分类问题大多面临类别间差异度小的难题。这样的难题,对人类的模式识别能力也是一个挑战。如图 1.5 所示,具有相似外包装的零食也会让人们难以分辨。

图 1.5 具有相似外包装的零食

1.3　本书的主要内容

现在，相信你对模式识别这门学科是如何帮助机器通过算法和模型识别出世界上各式各样的模式有了一个基本的概念了。从动物识别同类到我们日常使用的智能手机，模式识别无处不在，不断提高着我们的生活质量和工作效率。

接下来，我们将通过各章节的具体内容，深入探索模式识别的各方面。

第2章：基于概率的模式识别。在这一章中，我们将深入探讨贝叶斯理论如何成为模式识别中的一种强大工具。你将学习到如何使用这一理论来提高决策的科学性和精确度。通过实际的案例分析（比如医疗诊断），本章将展示如何应用概率理论来评估和优化决策过程，使复杂的预测任务变得更可靠。

第3章：聚类——物以类聚，人以群分。聚类是一种无监督学习技术，也可称为无监督数据分析技术，主要用于对数据对象进行分组，本章将引导你理解单视角与多视角聚类的概念及其在实际中的应用，以及多视角与近年来实际应用中更为耳熟能详的多模态之间的关系。你将通过具体的示例（如市场细分和社交网络分析），学习如何识别和解释群体间的相似性和差异，以及如何利用这些信息来进行有效的数据分析和决策支持。此外，你还可以通过单视角和多视角图像分割实验，了解多视角聚类的工作流程与原理，体会多视角学习的研究价值与意义。

第4章：时序数据的模式分析与隐马尔可夫模型。这一章致力于解释时序数据的特性及其分析的复杂性。通过隐马尔可夫模型，你将学习如何建模和预测时间序列数据中的隐藏状态。我们将探讨这些模型如何应用于语音识别和金融市场预测等领域，提供对未来事件的洞见。

第5章：线性分类器。线性分类器是模式识别中的基础工具，本章将详细讨论如何使用这些简单的数学模型来有效地划分和分类数据。通过介绍感知器和支持向量机等算法，我们将展示线性分类器是如何使用以及如何训练的，为神经网络的理解提供理论基础。

第6章：打开深度学习的大门——神经网络。神经网络是模仿人脑处理信息的强大工具，本章将带你深入了解这些网络是如何构建和训练的，以及它们如何解决复杂的分类和预测问题。我们将特别关注深度学习在图像处理中的应用以及当下最火的大模型，揭示其背后的技术和概念。

　　第 7 章：模式识别系统的训练与评价。构建一个有效的模式识别系统远不止实现一个算法那么简单。本章将探讨如何综合使用各种技术和方法来设计、测试和评估模式识别系统，讨论如何通过迭代优化来提高系统性能。

　　我们推荐你按照章节顺序阅读本书以获得最佳的学习体验。然而，就像模式识别领域内众多的方法一样，不同的教材在章节安排上并没有统一的标准。因此，如果你已经对某些主题有所了解，或者对某个特定主题特别感兴趣，也可以直接跳到感兴趣的章节进行阅读。本书大多数章节内容相对独立，例如学习线性分类器并不需要预先掌握聚类分析的知识。当然，按照章节顺序阅读可以帮助你更系统地理解模式识别理论，并逐步掌握将这些理论应用于解决实际问题的能力。通过本书，我们希望你不仅能深入了解模式识别的各个方面，还能学会如何将这些知识运用到现实世界的复杂问题中，从而开阔你的视野并增强你解决问题的技能。

第2章

基于概率的模式识别

2.1 从"无序"到"有序"——基于概率的预测

2.1.1 确定性事件与非确定性事件

自然界与人类社会中的事件可以分为两个类别：确定性事件与非确定性事件。确定性事件是指必然发生的事件，比如，"太阳从东边升起"就是一个确定性事件。从概率论的角度说，确定性事件就是指发生概率为 100% 的事件。非确定性事件是指具有随机性的事件。比如，"明天可能会下雨"描述的就是一个非确定性事件，它表示的完整意思如下：明天可能会下雨，也可能不下雨。日常生活中这样描述的例子还有很多，譬如，今天可能会堵车，他今天可能心情不好等。现实世界中的非确定性事件远远多于确定性事件。某种程度上，我们经常处于不确定状态中。股票是否会上涨，房价是否会下跌，是否可以找到一个称心如意的女朋友等，这些事件都具有很大的不确定性。

从本性来说，人类喜欢确定性事件，因为它给人以安全感。从远古时代开始，人类不再担忧饥饿问题，是因为确定地知道等待中的猎物会出现。相反，远古人类会对灾害等具有不确定性且危害大的事件产生恐惧；由于他们对这些危害完全缺乏预见性，所以总是祈求"老天"驱赶灾祸，这样祈求福佑的做法甚至可以说是促进了古代宗教的产生。即使在现今社会，人们仍然惧怕不确定性，尤其是惧怕重要的不确定性事件，比如，人们会担心金融危机到来影响自己的工作岗位或者薪酬。上述林林总总的不确定性问题似乎成了人们的焦虑之源。那么，有没有可能通过分析，来预测事件发生的概率，从而降低不确定性以缓解人们内心的紧张与不安呢？答案是肯定的。

根据上文的分析,我们其实面对的是如下问题:对一个非确定性事件(随机事件)而言,其随机性体现为它可能发生,也可能不发生,因此,我们无法完全准确地预测它到底真正发生与否。但是,事件发生的概率是可以通过一些分析得出的。那么,概率能告诉我们该事件必将发生或者一定不发生吗?答案当然是否定的。即使已知一个事件发生的概率,我们也无法确定单个的事件是否一定发生(除非其发生的概率为100%或者零,而此种情况又属于确定性事件的范畴,不在我们的讨论范围之内)。

那么,事件发生的概率到底给了我们什么特别的信息呢?面对一个已知发生概率的事件,我们该认为其发生呢还是不发生呢?此处存在如下逻辑关系:对于单个具有随机性的事件,我们是不大可能完全准确地预测其发生与否的。但是,从概率分析的角度看,事件在整体上又是具有一定规律的:概率越大的事件,总体上说其发生的可能性越大;相反,概率越小的事件,总体上说其发生的可能性越小。

一个显而易见的问题是,假如一个非确定性事件发生的概率为5%,那我们基本上就可以不用担心其会发生在自己身上,完全不必为担忧其发生而心神不宁(假如不愿接受的结果发生率仅为5%代表其一般不会发生;但是,假如该结果真降临到了自己头上,那也只能无奈地接受)。相反,假如一个非确定性事件发生的概率为90%,说明其真正发生的可能性十分大,我们不能心存侥幸以为它不会发生在自己身上,而是应该为其到来提前做好准备与应对措施。因此,我们说单个非确定性事件发生与否确实是随机的,但总体上还是有一定规律的。

我们可以用如下例子说明发生概率为90%的非确定性事件所具有的统计特性:假设一个袋子中装有黑白两种颜色的球共100个,其中黑球90个,白球10个(100个球在袋子中的摆放位置随机),即在所有球中黑球占比90%。我们对这个袋子中的球进行随机放回式抽样——即每次随机地从袋子中取出一个球,然后再放回,则单次抽取出的球可能是黑球,也可能是白球,我们无法准确地预测每一次到底会拿到哪一种颜色的球。但是,由于黑球的占比为90%,一次抽取出黑球的概率应该为90%。假设有两个人相约赌球,每次猜中拿出的球的颜色则赢,否则算输。那么,最佳的赌球策略是什么呢?是每次根据感觉猜球的颜色呢?还是每次都坚持赌一种球的颜色?其实,由于一次抽取出黑球的概率为90%,最佳的赌球策略应该是每次都坚定地赌黑球。此例中,虽然不能事先准确地知晓每次抽出的球是黑球还是白球,但我们可以根据黑球和白球的概率制定出最佳策略,这形象地说明了统计学理论在模式识别中的价值。

上例清晰地表明,在非确定性的世界中,单个的事件具有随机性(我们也称其为无序性)。但是,从统计的角度看,事件的概率说明了其有序性:概率越大或越小的事件,其非确定性越小(即有序性——规律性越大)。依据事件的概率,我们可以作出十分英明的决策。因此,我们说非确定性问题中,单个事件体现出较强的随机性和无序性,但是其整体上又具有明显的规律性和有序性。

2.1.2　张三究竟患病与否——答案并非完美

上文给了我们一些关于概率的认知。但是,我们还是存在疑问。在生活中,我们总是期待确定性的答案。比如,对于"明天是否会下雨?"这一问题,我们总是期望明确得到"下雨"或"不下雨"的结论。因为,如果答案是肯定的,即"下雨",则我们就会专门带上雨伞;相反,则我们可以两手空空地出门。

同样,身体健康是人们都关切的问题。举例而言,假如张三某一项疾病指标高于一个临界值,而临床医学的统计数据表明,此种情况下罹患疾病的可能性为95%,那么张三该认为自己生病了还是没有生病呢(图2.1)? 如果认为自己生病了,则张三就该对自己采取治疗措施;否则,则不需要。我们会说,既然上述情况下罹患疾病的可能性为95%,那么我们应该认为张三生病了,并对他进行治疗。但是,张三想,虽然罹患疾病的可能性为95%,但是自己有可能是健康的(虽然可能性只有5%),假如自己是健康的,那不是不需要任何治疗了吗? 而且如果本来是健康的,进行治疗甚至可能还会带来非常强烈的副作用。

图2.1　张三生病与否?

面对张三的疑惑,我们该怎么办呢? 我们能告诉他关于他自己是否罹患疾病的绝对准确的结论吗? 答案是否定的。仅从现有的信息,我们基本认为其确实患病,并按照相关疾病的治疗方式进行治疗。显然,张三也完全有可能不属于上述疾病患者,但是从概率的角度,我们的最佳决策就是将其作为患者对待。此外,如果李四、王五等人也与张三具有相同情形,则我们也会根据"最佳决策",毫无例外地将他们均作为患者对待。

上述案例告诉我们,依据概率得出的答案并非完美,根本原因在于事件本身的不确定性。其实,从不确定性事件的决策来说,我们最多只能去寻求基本正确的决策,而不可能得出完完全全正确的决策。这似乎印证了"完美无缺"是可遇而不可求的。

2.1.3　存在最佳决策之外的更好决策吗

上述张三患病与否的实例中,我们的最佳决策是认为其患病,并对其按照相关疾病的治疗方式进行治疗。这个并不完美的回答的正确率是多少呢?

回到前文的问题,假如张三某一项疾病指标高于一个临界值,而临床医学的统计数据表明,此种情况下罹患疾病的可能性为 95%,那么最佳决策应认为张三患病并采取治疗措施。设想一下,假如具有和张三一样的指标值的人一共有 500 人,95% 的患病率可能性意味着大约有 475(500×95%＝475)人真正罹患疾病,而有大约 25 人没有患病。事实上,人们之所以得到 95% 这个概率值,就是在此前接受检查的人群中,发现疾病指标高于一个临界值的人数中患病者的比例为 95%。按照最佳决策,我们会认为所有这 500 人都罹患疾病,并采取相应治疗措施。显然,所谓的"最佳决策"也对应着 5% 的错误率。

读者可能会问,有没有比上述"最佳决策"更好的决策呢? 答案是否定的。实际上,如果以分类错误率为准则,上述"最佳决策"就是最优的选择。原因是只有将样本归属于概率最大的类别(此例中一共有患病与没有患病两个类别),才会得出最低的错误率。其实,如果我们采取任何其他的决策,都会得出更高的错误率。试想,如果此例中我们将所有 500 人都判断为没有罹患疾病,则错误率将会高达 95%。假如,随意地将 500 人中的每个人归类为患病或没有患病,则错误率肯定也远远高于 5%。因此,除了上述"最佳决策"之外的任何决策,得出的错误率均会高于 5%。

作为读者,你可能会疑惑,难道疾病的诊断真的就没有更好的办法了吗? 当然不是,上述所述只是做一般的概率分析,医学中,还有"活体组织检查"等一些可靠度更高的检查手段。如果你是喜欢深究的读者,你可能还会问:可靠度更高的检查手段是不是仍然存在上文所说的不完全确定性呢? 你的提问很高级,答案确实是肯定的。理论上说,医学上根据指标值进行的诊断,其实几乎都是意味着病人患/不患某种疾病的概率是多少。譬如,即使根据基因比对进行的亲子鉴定,其结论也是类似"亲子关系的概率为 99.99%,

支持亲生血缘关系"的表述。这说明,即使精准如亲子鉴定的事例,理论上也并不能总是保证100%的准确率。当然,存在亲生血缘关系的概率为99.99%时,非亲生血缘关系的概率就仅为0.01%(万分之一),我们可以说,据此进行亲生关系判定的错误率基本就是万无一失了。这也启发我们,在看到医生根据疾病指标得出的诊断结果的时候,如果有可能,我们最好了解一下诊断结果背后隐藏的概率数据。

实际生产与社会活动中,依据概率进行决策时,多高的概率会让我们觉得比较有把握或者有安全感呢?答案是根据实际情况而定。在工业产品缺陷检测问题上,如果某产品存在缺陷的概率为75%,那我们让系统自动将其判断为不合格产品是比较好的做法(这样的做法虽然会使得少部分合格产品会被误判为不合格产品,但可以较好地保证产品品质,并赢得口碑)。当然,实际生产中,为了使检测结果更准确以降低生产资料的浪费,可以采取将自动检测与人工检测相结合的手段,即自动检测之后,再进行人工检测,这样经过系统初筛的检测方式可以节省更多人力。

2.2 贝叶斯的故事与概率倒推方法——科学、经验、直觉及其他

本节中,我们会惊叹于科学、经验与直觉原来并无鸿沟,甚至仅差那么一丢丢距离。有的科学似乎只是经验的公式化、形式化表达,而有的"直觉"其实也包含了科学的思想。世界似乎本来没有突变和突如其来的鸿沟,有的只是慢慢变化的累积,累积程度的增多带给了我们"惊鸿一瞥"的"错觉"。

2.2.1 贝叶斯分类决策公式——模式识别学科的丰碑

贝叶斯分类决策是模式识别学科的重要内容,甚至可将贝叶斯分类决策的提出作为模式识别真正成为一门科学的标志。

贝叶斯(图2.2)于1701或1702年出生于英国,是18世纪长老会的一名牧师。若将贝叶斯称为模式识别的"长老",则是大大低估了他开创性的贡献和作用。我们知道,现代科学起源于哲学,据说这也是为什么科学和工程技术领域的博士被称为PhD(Doctor of Philosophy,哲学博士)。中世纪的一些牧师们,在研究上帝的同时,也尝试探索自然界运行的规律。贝叶斯也是如此,他在被任命为牧师前,曾于爱丁堡大学学习神学。他同时对神学和数学感兴趣,并被赞誉为"擅长几何、数学和哲学学习的绅士"。

图 2.2 贝叶斯画像（AI 修复版）

贝叶斯不仅是宗教卫士，按照现代的观点，他也是十足的"科学卫士"；他似乎既承认上帝的神圣，也深信和捍卫自然界的法则；他既是神职人员，也是英国皇家学会会员。贝叶斯曾为牛顿受到主教攻击的"微积分"学写过言辞犀利的辩护书。他的科学贡献包括将归纳推理法用于概率论基础理论，并创立了贝叶斯统计理论，对统计决策函数、统计推断、统计的估算等都作出了贡献。

我们现在熟知的贝叶斯决策的论文是在其过世后才发表的。而且，这归功于欣赏其才华的朋友理查德·普莱斯，他称赞这篇文章"极为出色，值得保存"，并力荐其发表。我们在感谢理查德·普莱斯慧眼识才的同时，也不得不感叹贝叶斯是真正因为热爱而开展科学研究的伟人，他完全不是为了发表论文和"评职称"而做研究的。这篇里程碑式的论文两百多年来经久不衰，以至于我们今天的教材仍然将其作为重要内容加以编排。

那么，贝叶斯的论文究竟探讨了什么一鸣惊人的思想与方法呢？贝叶斯以彩票问题为例，很好地阐述了他提出的方法的思想。他指出，一个人在抽奖的时候，对会不会中奖完全不知道，因此也不知道该不该买入彩票。但是，如果能从此前已开奖的结果，了解到无奖的数量，并推测相对的中奖数量，那么有望倒推出新买彩票的中奖概率以及是否该现在买入彩票。

基于后验概率的模式识别方法是贝叶斯分类决策的基本点。其决策规则如下：首先计算出具有某一特定"特征"的样例分别属于各个类别的后验概率,然后判定当前样例属于后验概率最大的类别。

其实,通俗地来说,如本书前文所述,假如我们已知了一个事件发生的概率很大,那我们应该判定此事件会发生,并采取相应的应对方法。假如我们知道从现在起某个股票的上涨概率很大,一般情况下,我们就应该即时买入。但是,假如我们并不知道该股票当前的上涨概率,我们是否有其他办法进行股价趋势判断呢?答案是有的!假若我们知道该股票过去上涨和下跌的概率(即先验概率),并且知道其分别在上涨和下跌的情况下公司一些特点(也称为特征,譬如,利好或利空信息发布,销售或利润额显著增加或减少等)出现的概率(也称为似然,即条件概率),我们是不是可以倒推出该股票当前的上涨概率呢?贝叶斯牧师掐指一算,觉得这是可能的,并且精心设计了一个公式——可利用先验和似然计算出股票当前的上涨概率(即后验概率)。该公式简洁明了,但却风行百年。直到今天,还在统计学以及模式识别领域大量应用。该公式虽然符号众多,初看略显高深,其实,一言以蔽之,其核心为股票当前的上涨概率同该股票过去上涨的概率与似然的乘积成正比。简单地说,如果该股票过去上涨的概率大,则它当前上涨的概率也大;如果该股票的似然值大,则它当前上涨的概率也大。而上涨和下跌的情况下公司一些特点出现的概率即称为似然。贝叶斯分类决策如此简单。要是贝叶斯是中国人多好啊,中文表达如此通俗易懂,省去了我们背公式的烦恼。

本节所述的贝叶斯分类决策旨在得出概率意义上错误率最小的分类决策,因此也称为最小错误贝叶斯分类决策。

最小错误贝叶斯分类决策公式的知识点如下。

(1)后验概率同先验概率与似然的乘积成正比。

(2)先验概率保持不变时,后验概率与似然成正比。

(3)似然保持不变时,后验概率与先验概率成正比。

(4)需计算出样例属于不同类别的后验概率。

(5)将样例分类到相应后验概率最大的类别。

2.2.2 中国的"贝叶斯"

贝叶斯作为一个研究神学的牧师,在"业余时间"首创了贝叶斯分类决策,成了模式识别学科的开山鼻祖,十分了不起。但是,从哲学意义上说,贝叶斯分类决策的思想并不应该只归功于贝叶斯一人,早在贝叶斯出生几百年前,人们其实已经在生活和社会实践中利用了相似的思想;只不过,那时的人们没有把它抽象化为基于数学公式的规则表达。

也许你会不以为然,以为上述观点只是笔者的"哗众取宠",那请让我略述一二。大家也许知道,我们的祖先给我们留下了不少谚语。很多谚语挺灵验。为什么会如此?其实祖先们已经巧妙地利用了贝叶斯分类的思想,只不过他们很朴实,朴实到即使他们无数次利用了这种思想,但却没有给这种思想取名字。

比如,"蚂蚁搬家天将雨"(图 2.3)是一个大家熟知的谚语,而且特别灵验,灵验到如果我们去生活中观察,假设一共观察到 100 次蚂蚁搬家,很可能有多达 80 次随之出现降雨事件。几百上千年前的祖先们为什么如此神奇?为何能给出如此精准的预言?难道祖先们大多是神仙,或者智商超群?或者是人类后代的智商在逐代下降,以至于现今已经很笨的我们根本无法窥探祖先智慧?非也!祖先们并非比我们聪明,只是他们中的一部分人比较勤奋,勤奋地观察生活现象并加以总结。他们通过大量观察发现,很多次下雨之前都出现了蚂蚁搬家的现象。他们中善于思考的人就想,那一定是蚂蚁们对天气的感知能力比较强,弱小的它们感知到了天气的变化,为了不被即将到来的降雨淹没巢穴,就举家毅然决然地开始了浩浩荡荡的搬迁之旅。祖先们开始总结起来,既然下雨之前经常出现蚂蚁搬家的现象,那么,如果我们看到了蚂蚁搬家,那说明下雨的可能性很大,就得抓紧未雨绸缪,赶在下雨前该收庄稼就收庄稼。

图 2.3　蚂蚁搬家

现在,我们来看看,上述中国祖先的"神机妙算"是如何与贝叶斯牧师的掐指一算殊途同归的。显然,上文中的"下雨之前经常出现蚂蚁搬家的现象"表明似然值比较大(此处,"下雨"代表一个天气类别,"不下雨"则代表另一个类别),根据贝叶斯的方法,似然值比较大时后验概率一般比较大,因此,出现蚂蚁搬家现象时随之下雨的概率也大。自然地,我们的祖先总结的"蚂蚁搬家天将雨"谚语与贝叶斯方法的思路是一致的。而且,如果处于本来雨水就多的夏季("下雨"这个类别的先验概率大),则"蚂蚁搬家天将雨"的概率就会更大,谚语就会更加灵验。我们的祖先与贝叶斯牧师主要的差距在于,后者是科学家,会写数学公式,我们质朴的农民祖先不会玩这个,要不然,我们祖先中说不准也会出个"李叶斯"或"张叶斯"之类的人物。因此,我们应该改变观念,不要一味认为我们的祖先只会"天灵灵地灵灵"地念咒语,其实他们中不乏具有朴素科学思想的大家。

如果上述实例你仍然觉得不够直观,那我们来看看现今生活中更为生动形象的例子。假如我们在路上走,只能远远地看到行人的下半身衣着;假设你看到远处有一个人下半身衣着为裙子,那么你会认为这个人是男生还是女生呢(图2.4)?显然,我们几乎所有人都会认为看到的是一个女生。而且,这样的答案基本上是正确的。为什么如此"神算"? 这里面其实暗含了贝叶斯分类决策的思想。此话怎讲? 我们之所以能作出所见为女生的判断,实际上是因为我们在生活中具有了男生不穿裙子的经验。根据贝叶斯分类决策的规则,后验概率同似然与先验概率的乘积成正比。在某种衣着条件下穿衣人为男

图 2.4　穿裙子的人

生(或女生)的概率,实际上就是一个后验概率,而我们所有的"男生不穿裙子"的经验对应着男生这个类别的人群穿裙子的概率(即似然)为零这样一个结论。因此,根据贝叶斯分类决策的规则,我们就可判定在下半身衣着为裙子的条件下穿衣人为男生的概率(后验概率)等于零,因此,判断前方的人为女生。这个实例说明,我们认为几乎是"直觉"和习以为常的经验和判断,实际上已经不自觉地应用了贝叶斯分类决策的思想。因此,贝叶斯分类决策的思想,不管我们知或不知,它其实已经在那里。不管是山野村夫,还是满腹经纶的才子,在生活中,在逻辑判断的潜意识中,实际上都在使用着它。

如果你还认为笔者故弄玄虚,贝叶斯分类决策思想的应用并非多见,我们可以再举一例。民间一提到"旺夫脸"(图 2.5)一词,立马会想到面相术。我们一般认为,面相术只能算一门"玄学"。但是,"旺夫脸"的得出也基于了一定的统计分析的手段,也基本采用了贝叶斯分类决策的思想。诸位不要不以为然,且听我讲。

图 2.5　旺夫脸

显然,致力于推演"旺夫脸"的"前辈"们肯定是希望自己看相越准越好。他们就琢磨了,怎么让判定一个女人是否会旺夫的结果更准呢？他们也玩起了统计学。虽然他们没有学过概率论,但是他们想,可以观察总结啊。假如对一批"发达"老公的女人的面相进行观察,便能够发现这些女人面部区域共有的特点,那就可以算作"旺夫"的基本特征了。从贝叶斯分类决策的角度看,这些"发达"老公的女人多数共有的特点实际上就意味着一个较大的似然值,相应地,算命先生们假如在大街上看到有一个具有上述特点的女人,尤其是未婚妙龄女子,就可以告诉她命中注定有富贵相(因为她能"旺夫"的概率高啊)。不过,需要说明的是,这只是对面相术的一个推测式的解释,并没有经过严谨考证。

本节内容表明,我们在现实生活中已经有意识或无意识地使用了贝叶斯分类决策思想。上述娓娓道来的实例,让我们觉得贝叶斯分类决策思想并非高深,也不算陌生。其实,我们的祖先早已将其应用在各种生产活动中了。

2.3 乳腺手术的决定正确吗——最小错误贝叶斯分类决策的修订与解析

曾有好莱坞明星在《纽约时报》上发表过《我的医疗选择》一文,声称由于自己携带乳腺癌1号基因(BRCA1),她已经接受预防性的双侧乳腺切除手术,以降低罹癌风险(图2.6)。

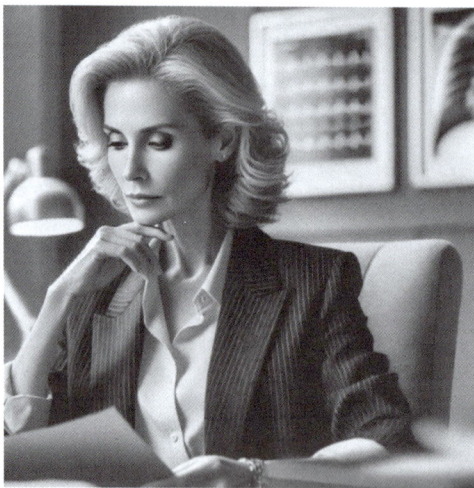

图2.6 女明星的医疗决策

与上述新闻相关的背景信息如下:该明星的母亲在与癌症作斗争了近十年后于56岁时去世。由于妈妈给她遗传了BRCA1基因,她患乳腺癌和卵巢癌的概率分别是87%和50%。因此,她决定采取主动措施,先从概率最高的乳腺癌开始,用专业的医学手段降低患病风险。

这位明星无疑是勇敢的,而且她也具有清醒的头脑与科学决策的思维。从模式识别的角度看,她的决定是完全符合最小错误贝叶斯分类决策的,是在癌症风险厌恶下的明智选择。那么,她的科学依据何在?

我们看到,她将来患乳腺癌的概率为 87%,而不患此病的概率为 13%(二者之和为 100%)。这两个概率的意义如下:假如携带了 BRCA1 基因的女性有 1000 名,则大约 870 人会罹患此病,大约 130 人不会罹患此病。因此,她未雨绸缪地选择进行乳腺切除, 可以使其将来完全不会罹患此病。我们将进行乳腺切除与不进行乳腺切除看作两种决 策,则采取第一个决策的错误率为 13%(采取第一个决策意味着,对上述携带 BRCA1 基 因的 1000 名女性全部进行乳腺切除。由于这 1000 人中有 13% 的人并不会真正患上乳 腺癌,因此,该决策的错误率为 13%),而采取第二个决策的错误率为 87%。因此,这位 明星的决定是明智之举,是完全符合最小错误贝叶斯分类决策原则的。

2.3.1　最小风险贝叶斯分类决策

除切除乳腺外,这位明星还为"杜绝"卵巢癌采取了措施——切除卵巢。读者可能 不免疑惑:她患卵巢癌的概率只有 50%,也就是说以卵巢癌而言,她患病或不患病的 可能性是一半对一半。从最小错误贝叶斯分类决策的角度来说,无论她采取切除还 是不切除卵巢的决策,都将有 50% 的错误率,那她为什么还计划采取切除卵巢的决 策呢?

其实,现实世界中,还有个别患卵巢癌的概率低于 50% 的女性采取切除卵巢的决策。 举例来说,假如女士乙目前的身体指标表明其患卵巢癌的概率仅为 40%,为了杜绝后患, 她可能也会采取切除卵巢的决策。而贝叶斯分类决策告诉我们,如果我们判定女士乙会 患卵巢癌,则我们的分类错误率将为 60%;假如我们判定女士乙不会患卵巢癌,则我们 的分类错误率只为 40%。因此,如果只以分类错误率最小为原则,我们应该认为,女士乙 不会患卵巢癌(其实,对与该女士同样情形的人群来说,均可如此决策),不用采取预防或 治疗措施。但是,从实际来看,如果女士乙切除自己的卵巢,她将永远不会再面临可能患 卵巢癌的困扰。因此,这个决定的合理性也是显而易见的。当然,不同的人会有不同 的选择,两方面的选择会对应各自不同的"收益"与"损失"。可能对多数人而言,一般 不会作出器官切除的主动选择,除非是在风险特别大且同时具有较好的专业认知的情 况下。

女士乙上述决策的合理性有没有形式化的规则呢?到底患卵巢癌的概率达到多少 时采取切除卵巢的决策是比较合理的呢?有的,这就是最小风险贝叶斯分类决策。

> 最小风险贝叶斯分类决策的主要知识点如下。
>
> （1）计算出样例属于各个类别的后验概率。
>
> （2）在后验概率的基础上，计算出各个决策的条件风险。
>
> （3）采取条件风险值最低的决策。

实际上，最小风险贝叶斯分类决策与最小错误贝叶斯分类决策既有联系又有区别。二者的区别在于：最小风险贝叶斯分类决策主要依据决策面临的条件风险大小，可以说是本着"趋利避害"的原则；而最小错误贝叶斯分类决策的关键为采取错误率最小的分类决策。二者的联系在于，最小风险贝叶斯分类决策中的风险是依据后验概率计算出来的。此外，在一些特殊情况下，两种决策的结果会是一样的。

最小风险贝叶斯分类决策中条件风险是一个重要的知识点。那么，什么是条件风险呢？可认为条件风险是我们采取某项决策时招致的"总损失"。上文中，女士乙若采取切除卵巢的决策，意味着她将要花费金钱和时间，同时她的身体将要承受手术之疼痛，甚至术后身体会虚弱一段时间，此外，卵巢的缺失也会使身体机能受到一些影响。相反的情况，假如女士乙采取不切除卵巢的决策，意味着如果将来她真的罹患卵巢癌，她的身体会承受比手术更重的病痛，将为了治疗而要花费更多的金钱和时间，甚至有可能因为最终不治而殒命。因此，我们看出，若女士乙采取切除卵巢的决策，对应的"总损失"很可能会小于采取不切除卵巢的决策的"总损失"。因此，她选择切除卵巢是一个比较好的决定。

当然，到底要不要采取切除卵巢的决策，与患卵巢癌的概率密切相关，该概率越大，则采取切除卵巢的决策的风险越小于不采取切除卵巢的决策的风险。另外，条件风险（总损失）的大小也直接依赖不同情况下损失值的大小。而且，多数情况下，正确决策（即对样例的分类结果与其真实所属类别相同时）对应零损失；此时，条件风险的大小取决于非正确的决策对应的损失值的大小及其相应的后验概率的大小。举例来说，假如女士乙采取了不切除卵巢的决策，她将来也没有罹患卵巢癌，则其决策是正确的，而且其没有任何损失，即零损失。相反，非正确的决策对应的损失总是大于零。例如，在女士乙采取了不切除卵巢的决策后，若她将来罹患了卵巢癌，则其决策是非正确的，而且其损失也是显而易见的。假如由专业人士为女士乙确定此非正确的决策对应的损失值的大小，可综合考虑罹患卵巢癌给其带来的直接损失与其精神层面的损失。但是，由于决策需要事先作出，此实例中精神层面的损失一般由对于疾病的风险厌恶替代。显然，从最小风险贝叶斯分类决策的角度分析,女性对乳腺癌和卵巢癌的风险厌恶程度很高(见相关报道),相应的"非正确决策"的损失值较大,故采取切除乳腺和卵巢的决策对应着较低的条件风险。

现实社会中,还有很多最小风险贝叶斯分类决策的实例。事实上,上至七八十岁的老人,下至几岁的小孩已经下意识地在大量采用最小风险贝叶斯分类决策的思想,即使他们并不知道这个术语。关于现实社会中人们应用最小风险贝叶斯分类决策的实例,我们可略举一二。

假如张三手中有一笔现金,他了解到某项资本投资的年收益率远大于银行存款利息,他有一点心动,因为高收益是一个大大的诱惑;他希望利用获得的高收益来添置家具。当张三把他的想法告诉家人时,家人会有什么想法呢? 家人可能会首先去了解这项资本投资的一些情况,判断其可能存在的风险,包括项目顺利开展和达到预期的可能性,可能的政策变化或者突发性事件的影响等。假如家人得出结论:虽然这项资本投资的预期收益很大,但是可能存在项目投资达不到预期收益的风险,严重时甚至有可能项目方不能按期兑付本金。那么,家人肯定会本着趋利避害的原则要求张三不要参与这项投资。张三家人的如下逻辑符合实际生活中绝大部分人的思维:假如项目投资成功,张三获得高收益无疑是好事。但是,假如项目投资失败,张三不仅不能获得预期收益,而且可能面临"血本无归"的严重损失。因此,为了稳妥起见,规避风险,应该不要参与此项投资(图 2.7)。当然,在现实社会中,不同的人在进行决策时,对风险有不同的容忍度,因此不同的人往往作出或接受不同的决策。这也是银行事先对投资者进行风险承受力评估的原因。但是,总的来说,稳妥的投资策略符合绝大多数投资者的预期,或者说多数人是风险厌恶型投资者。

图 2.7　规避风险示意图

　　将贝叶斯决策的思路应用于投资领域,基于最小错误的决策相当于追求潜在收益最大化的决策,而最小风险的决策相当于追求潜在风险最小化的决策。

　　假如某个股票股价上涨的概率为70%,其股价下跌的概率为30%。如果采用最小错误贝叶斯分类决策,则应该判断股价会上涨,并采取买入的策略。但是,该买入策略忽略了如下的潜在风险:假如该股票股价上涨,带来的收益率将为15%;假如该股票股价下跌,带来的亏损率将为60%。那么,在这种情况下,我们是否还应该买入该股票呢?

　　如果请股市大亨巴菲特来作决策,他一定会选择不买入该股票,因为假如该股票股价下跌,其带来的亏损将大于股价上涨带来的收益。为了趋利避害,应该选择不买入的决策。事实上,誉满全球的巴菲特已经采取如下公式来进行投资决策:

$$平均收益率 = 价格上涨概率 \times 价格上涨条件下的收益率 -$$
$$价格下跌概率 \times 价格下跌条件下的亏损率$$

　　当平均收益率为正时才进行投资,而且该值越大越好。相反,当该值为负时,要杜绝进行投资。上文关于股票的平均收益率为负,因此,应该采取不买入该股票的决策。

　　需要说明的是,实际上,上述的平均收益率公式与最小风险贝叶斯决策中的条件风险计算公式形式一致。为了便于对比,我们将上述的平均收益率公式改写为如下的平均亏损率公式:

$$平均亏损率 = 价格下跌概率 \times 价格下跌条件下的亏损率 -$$
$$价格上涨概率 \times 价格上涨条件下的收益率$$

　　应用中,平均亏损率越小,意味着风险越小,越值得投资。此处的平均亏损率实质上为"买入"决策的条件风险。假如有多只股票可供投资选择,可交易资金只能买入一只股票,则可分别计算每只股票的平均亏损率,然后选择平均亏损率最低的那只股票,而不是直接买入上涨概率最大的那只股票。

　　如下则为我自己的故事,十分有代表性。

　　一个夏天,在足球世界杯比赛期间,因为偶然的原因,我买了自己的第一张足球彩票,是西班牙对另一个国家球队的比赛,结果我赢了。这次偶然的事情,让我发现,将要比赛的两个足球队之间的实力悬殊越大,买彩票赚钱的概率更大。既然如此,我如发现新大陆般兴奋地热衷于买足球彩票。几次下来,我买的足球彩票"百分之百中"。

　　经验何在? 我压根不懂足球,根本不知道两个足球队之间谁的实力更强以及他们之间的整体水平差距有多大。但是,我的经验是,不用去研究这个问题,彩票本身已经给了我们答案:关于两个足球队的彩票赔率越小,说明实力差距越大。假如一天之中有多场比赛,我就选择买赔率最小的那个,因为球队实力悬殊,实力强的那个队赢球的概率十分大,同时相应的赔率也最小。譬如,彩票是关于甲乙两个球队的,假如甲队赢乙队的赔率很小,则说明甲队赢乙队的概率很大。例如,假设甲队赢乙队的概率是85%,则甲队输球或与乙队踢平的概率之和则是15%。此种情况下,我会毫不犹豫地选择买甲队赢,如果结果确实如此(而且,从概率上说,一般情况下会如此),那我就从彩票销售点兑奖——拿回买彩票的本金和收益。

我为自己找到的"生财之道"而高兴,十分得意地将体会分享给朋友——不仅自己乐此不疲,还推荐朋友们也买足球彩票。一个好朋友向我指出,虽然赢的可能性很大,但是赢的时候收益少,输的情况下则是本金全无。我自信地回答说:"是这样的,但是,不会输啊,所以压根不用怕!"

结果如何呢?结果是我大约持续买了两个月足球彩票后,我就放弃了,因为我辛辛苦苦地天天跑彩票点两个月之后,几乎没有赚钱。原因何在? 正如朋友所讲,我忽略了其中的"风险"——输的时候的损失远远大于赢的时候。虽然赢的概率很大,但是输的情况下的大损失率(即100%的损失率)使得总体上的"预期收益"大大打折。

仍以上述例子为例,假设甲队赢乙队的概率是85%(相反,甲队输球或与乙队踢平的概率之和为15%),我们显然应该买甲队赢。但是,从概率的角度分析,这不一定能保证我们能赚钱。若彩票设置甲队赢的赔率为0.12(此处赔率为0.12表示,如果买甲队赢,且比赛结果为甲队赢时,收益为本金的12%),而甲队输的赔率为1(此处赔率为1表示,如果买甲队赢,但比赛结果为甲队输球或踢平时,本金将全部损失)。我们将上文平均亏损率的公式改写为如下合理形式:

平均亏损率 = 甲队不赢(即甲队输球或踢平)的概率 × 甲队不赢条件下的亏损率 − 甲队赢的概率 × 甲队赢条件下的收益率

这个公式告诉我们,在上述例子中,当我们买实力强劲的甲队赢时,我们的平均亏损率将等于 $0.15 \times 1 - 0.85 \times 0.12 = 0.048$,即4.8%。换言之,从统计学的平均意义上讲,我们每掏出一百元买甲队赢时,我们的平均亏损将为4.8元。形象地说,假如上次两个球队一共比赛了20次,我们每次都买入一百元,且都买甲队赢,从概率上说,我们会买对17次左右(即依照甲队85%获胜的概率推算,20次比赛中甲队比赛结果为赢的情况可能有17次左右),而我们买错的次数在3次左右。但是,最终结果,我们会一共亏损 $20 \times 4.8 = 96$ 元(严格按照买对17次与买错3次计算)。这个数字告诉我们,虽然我们很容易从彩票的赔率分析出哪个球队的实力强劲,并据此判断选择足球彩票;但是,这并不保证我们能轻松赚钱。根本原因在于差距巨大的赔率（损失）在这类事情中起了非常重要的作用。虽然我们"失算"的次数会很少，但是少数的不可避免的几次"失算"就会使得我们大多数情况下的收益灰飞烟灭。这个实例让我对决策的风险（损失）的印象特别深刻，真实感受到了最小错误贝叶斯决策的不足和最小风险贝叶斯决策的潜在优势，相信读者也有同感。当然，足球彩票的发行机构旨在盈利，只有彩票购买人总体赔钱——所有彩票购买人付出的总额大于其收益的总额，发行机构才会实现盈利目标。它可以轻松地根据赔率设置的"技巧"让大部分投资者无利可图。

与最小错误贝叶斯决策的思路相比，最小风险贝叶斯决策可理解为一个更"保险"和稳妥的决策方式。如果说最小错误贝叶斯决策相对激进，最小风险贝叶斯决策则相对保守一些；前者可以看作"利益最大化"的一个策略，而后者则倾向于令风险即损失最小化。在投资领域，激进的投资者一般偏向于采用"利益最大化"的策略；而保守一些的投资者一般偏向于采用最小风险的决策。比如年轻的激进投资者，他们希望金钱和财富尽量以比较快的速度增长，想尽量抓住资产价格较快上涨的机会；即使其中一些投资失败，他们还可以有其他多次投资机会进行弥补。而年龄偏大的保守投资者，他们首先考虑的是竭力保住自己已有的胜利果实——本金，在此基础上争取去获取一些投资收益。保守投资者的典型代表包括巴菲特等人，激进投资者的典型代表包括索罗斯等人。

在疾病判别与治疗手段选择、投资方式方面，我们已经看到了最小风险贝叶斯分类与最小错误贝叶斯决策的区别。其实，在其他领域，二者也有显著的不同。譬如，在工程技术领域，不同的决策也意味着不同的工程预算与实施方案。比如我们需要修建一座桥梁，按照最大承重计算，假设只需要 100 吨钢筋就足够；但是，为了稳妥和保险，可能实际会采用 120～130 吨钢筋。为什么如此呢？如果采用"利益最大化"的策略，则 100 吨钢筋就达到了安全标准，因此似乎只采用 100 吨钢筋就可以了，而多用则会多花钱。但是，从保险起见的角度，桥梁建好后可能会出现预期之外的超载，这样的超载将超出桥梁设计的承重标准，并因此造成桥梁的破损甚至坍塌（如果出现如此情况，还可能出现人员伤亡的严重事故）。鉴于此，设计和施工方宁愿多用钢筋和多花钱，以减少将来可能存在的超载带来的严重损失。

需要说明的是，在实际生活中，人们采用最小风险贝叶斯决策方式的频率一般会高于采用最小错误贝叶斯决策方式。这本质上是人们趋利避害的心理使然。应用最小风险贝叶斯决策的难点主要在于如何合理估计不同决策情况下的损失，因为有时损失值难以确定。

　　总结起来,贝叶斯决策是模式识别的重要内容。在一些相对容易量化的问题中,其应用十分有价值。对复杂问题,可能存在着概率与损失值难以准确确定的问题。但是,无论如何,贝叶斯决策是一种重要的方法学,其思想与分析方法在模式识别中占有不可或缺的地位。

2.3.2　最小风险贝叶斯分类决策公式的解析

　　上文已经充分探讨了最小风险贝叶斯分类决策的思想与实例。通过实例的数字分析,我们已经对决策可能带来的损失留下深刻印象。

　　此处,我们回到问题本身,利用文字对最小风险贝叶斯分类决策公式的本质进行解析。最小风险贝叶斯分类决策公式的核心在于不同决策的条件风险计算。首先,对模式识别任务而言,决策就是一个分类的操作,比如,我们可将把样例分类到第一个类别称为决策一,把样例分类到第二个类别称为决策二,以此类推。其次,假如一共有 C 个类别,对真正属于某个类别的样例采取一个决策时,会招致损失或者完全没有损失。

　　我们可以根据公式对每一个决策分别计算相应的条件风险。以决策一为例,其条件风险被形式化地定义为样例真正分别属于 C 个不同类别的前提下采取决策一带来的损失的加权和,其权重为样例属于相应类别的后验概率。这个形式化定义的含义如下:样例属于相应类别的后验概率越大,则采取决策一的损失被放大得越多。由于最终将采取条件风险最小的决策,而且一般情况下,将样例分类到其真正所属类别时损失为零,所以一个决策的条件风险可看作由其他各类对应的错分概率(分类错误率)与相应的损失的乘积决定。显然,风险最小的决策实际上是样例被错分的概率与相应的损失同时较小的决策。从这个意义上说,最小风险贝叶斯分类决策是最小错误贝叶斯分类决策的修正,其修正的手段在于引进了决策损失这一概念和物理量。

　　某个决策的风险计算的理解如下。

　　(1)若将样例分类到其真正所属类别时损失为零,则一个决策的风险可看作由其他各类对应的错分概率(分类错误率)与相应的损失的乘积决定。

　　(2)最小风险贝叶斯分类决策是最小错误贝叶斯分类决策的修正。

　　(3)最小风险贝叶斯分类决策旨在规避风险大的决策,也即,选择风险最小的决策。

2.4 似然的估计——应用贝叶斯分类决策公式的重头戏

贝叶斯分类决策公式(包含最小错误贝叶斯分类决策公式与最小风险贝叶斯分类决策公式)给出了一个简洁的分类方式。从提出到现在,它已经得到广泛应用,譬如,自然语言处理中经常利用它进行文字和语音的分类与分析。

要应用贝叶斯分类决策公式,必须事先已知各类的先验概率和似然概率分布。先验相对容易估计,举例来说,对于某个问题中男生与女生的概率这两个先验,我们可以比较容易地将男生人数与总人数的比例、女生人数与总人数的比例分别作为男生与女生的先验概率。

然而,似然概率分布的估计相对困难,尤其是样例特征维数比较高时。一个关键的问题是,多数模式识别问题均需要得出连续空间的似然函数。例如,如果我们需要分别估计男生与女生不同身高出现的概率这两个似然函数,显然,我们需要得出男生与女生中任意一个身高值出现的概率,即只要是有意义的正实数代表的男生或女生身高值,我们都需要估计出其出现的概率。

我们解决上述问题的前提条件为已知一批男生与女生的身高测量值。那么,如何根据离散的身高测量值,估计出关于男生与女生的身高的连续似然函数呢? 也许读者会想,可直接利用各个身高值出现的频率代替概率(即似然值)。但是,由于我们已知的身高测量值很有限,我们通过这个方式只能得出个别离散身高测量值的概率而已,这样完全没有达到我们的预期。读者可能还会想到,利用区间估计方法——将身高分为若干范围段,然后利用每一范围段内的男生与女生的频率代替各自的似然值。这样的方式确实显得比前一种方式合理一些。但是,这样的做法也比较粗略,而且整个身高区间的似然值会表现为不大合理的柱状分布图。

似然函数估计问题的特点如下。

(1) 已知部分样例的特征值。

(2) 需利用已知的离散特征值估计出连续的似然函数——条件概率分布。

(3) 每一类别均需估计出似然函数。

2.4.1　似然估计的利器——最大似然估计方法

科学研究建立在一些假设和模型之上,这些假设只是自然界规律的近似,但是,有时这样的近似几近完美。本节介绍一个合理简洁且得到公认的似然估计方法——基于正态分布假设的最大似然估计方法。

大家知道,正态分布是一个简单而优美的分布形式。为了比较简单地估计出类别的似然概率分布,研究者们提出,可以假设似然服从正态分布。那么,这个假设恰当吗?如果它不恰当或者偏离实际很远,那我们岂不是会得出错误的结果?幸运的是,现实世界中的观察与实验显示,很多事物的分布基本体现为正态分布的形式。例如,成年男生与女生各自的身高分布、某一地区某种水果外观大小的分布、某台机器加工出来的某种型号工件的尺寸的分布等。因此,贝叶斯心里应该会感谢正态分布这一发现,有了这个发现,贝叶斯决策公式中的关键难题——似然估计就有一个简洁的处理方案了。巧合的是,正态分布与贝叶斯决策公式是在同一时期提出的,因此,它们哥俩就像有心电感应似的,相约一起来帮助科学家和人类了。

若需要描述的事物只有一个特征,而且其分布满足正态分布,我们称其为一维正态分布。读者应该知道,一维正态分布的图形完全由期望与方差两个参数决定。如果事物具有多维特征,每一维特征均满足正态分布,我们就称其为多维正态分布,多维正态分布的图形完全由期望与协方差矩阵这两个参数决定。那么,正态分布到底是什么样子的呢?图 2.8 给出了一些不同参数的一维正态分布图示。

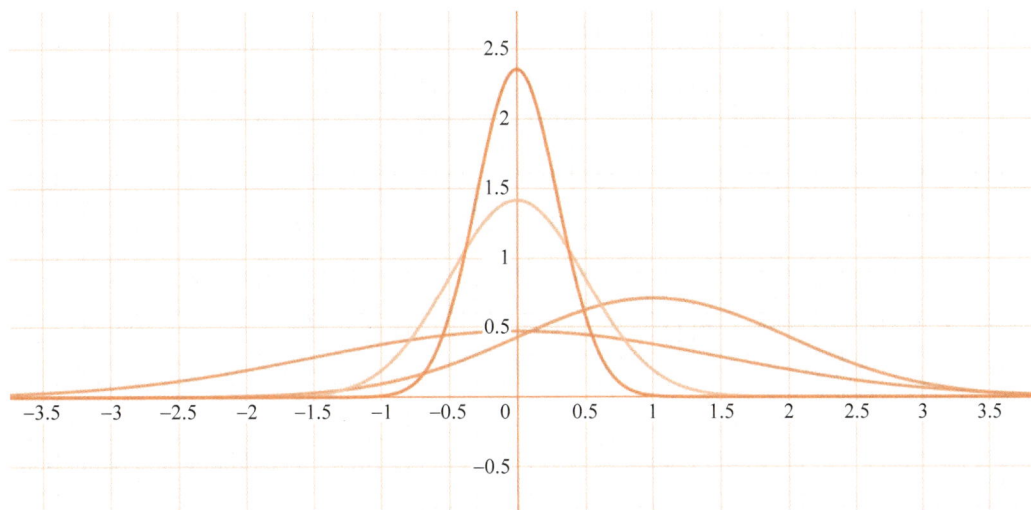

图 2.8　一维正态分布图示

通俗地说,若一类样例服从正态分布,则这个类别中,特征值位于期望附近的样例出现的概率最大(即所有样例中,特征值接近期望的样例最多),而特征值远离期望的样例出现的概率随着远离程度的加大而减少。而且,正态分布表现为一个关于期望的轴对称图形。图 2.8 还显示出,方差越小,一维正态分布的"尖峰"越尖;相反,方差越大,一维正态分布的曲线越平坦。

最大似然估计方法的基本点如下:假设需要估计的某个类别满足正态分布;利用已知的样例观察值,在似然最大化的思想下估算出正态分布的两个参数。

似然最大化到底是基于一个什么思想呢?

用大白话说,似然最大化的思想就是:我们之所以观察一个事情出现某种表现或特性,说明它出现这种情况的概率非常大,甚至最大。因为,假如它出现这种情况的概率很小,我们就很难观察到。举例来说,我们在大街上随机地找一些男生来测量身高值,我们就可认为,测量得出的这些身高值在男生中是出现概率非常高的。而且,人们以往的经验表明,男生身高总体上是服从正态分布的。为了简单,假定这些身高值在男生中的出现概率是最高的,据此假定,就可以估计出正态分布的期望和方差的最优值,这就是似然最大化的思路与基本方案。你可能会问,为什么要假定如上男生身高值的概率是最高的呢?我们承认,这些身高值的概率是非常高的,这个没错;但是,不敢保证这些身高值一定在所有身高值中具有最高的概率啊。然而,为了数学处理的便利,最大似然估计方法就做了如上假设。换言之,如果没有如上男生身高值的概率是最高的假设,则我们不能得出简洁和确定的数学结果。

其实,生活中,我们也经常使用上述的逻辑判断。譬如,有一个认识不久的同学,曾经连续两次爽约,那么你就会很容易留意如下印象:这个同学不靠谱,不讲信用,不能信任他。为什么会有如此结论?因为,人类的大脑在长期进化中已经"种进"了似然最大化的思想:这个同学会连续两次爽约,说明对他来讲爽约就是"家常便饭";而假如他的品行与此相反,他几乎不可能会出现爽约的情况。

最大似然估计方法看似复杂,让我们花了那么多文字来阐述它,其实它的结果特别简单。多简单呢?假如某个类别的似然满足一维正态分布,则最大似然估计方法的结果为:该一维正态分布的期望的估计值就是所有已知样例(训练样本)的均值,方差的估计值就是所有已知样例的方差。

作为读者的你,可能会想:认为在大街上随机测得的男生身高值是经常出现的身高值(甚至认为是具有最大概率的身高值),这样的做法合理吗?就好像我们在 2020 年 6

月 21 日偶然观察到了日全食,那岂不是可以认为日全食也经常出现?事实上我们知道,日全食是极少出现的。那么,问题出在哪里呢?似然最大化的思想错了吗?

需要指出的是,对大街上找成年男生测量身高来说,如果只找一个人来测量身高,这个是具有比较大偶然性的,其身高属于偏高、偏低或者中等都有可能。但是,如果我们随机地找了一批人来测量身高,则对得到的一组身高值这个整体来说,我们完全可以认为其出现的概率很大,否则我们难以在一次批量随机观察中得到这么一组数据,而且,从随机抽样的角度说,其中中等身高值会较多,偏高和偏低的身高值会较少。相反,2020 年 6 月 21 日出现了一次日全食,而其他时间都没有出现,我们不能认为日全食出现概率很大。对于某个自然现象来说,我们只有在短时间内多次观察到,才可以认为该现象出现的概率很大。

其实,对一组随机采集的样例来说,使用最大似然估计方法时,样例数量越多,结果也会越好。

以样例特征值为一维的情况为例,估计某一类别的似然函数的最大似然估计方法的实现如下。

(1)将已知的样例的特征值的均值作为正态分布的期望。

(2)将已知的样例的特征值的方差作为正态分布的方差。

(3)将期望、方差及具体的特征值代入正态分布函数中,计算出该特征值出现的概率,即似然值。

(4)在模式识别问题中,每一类别对应的正态分布的期望、方差与似然值均如上计算。

显然,我们估计出每一类别的似然后,就可以基于贝叶斯公式计算出某个新样例属于每一类别的后验概率(假设先验已知),并据此进行最小错误贝叶斯分类决策或最小风险贝叶斯分类决策了。

2.4.2 似然的估计之二——不依赖分布的似然估计方法

如我们所知,贝叶斯分类决策公式的实现依赖每一类别的似然的估计。

前文中,我们介绍了假设每一类别的似然均服从正态分布的情况下,最大似然估计方法的思路及其结果,以及最大似然估计的合理性。

显然，你可能会想：难道真的每一类别的似然均服从正态分布吗？有没有例外？假如有，我们该怎么办呢？

你的疑问十分有道理，而且这样的问题确实存在。科学大家理查德·费曼认为，所有的物理定律都是对现实世界的近似。正态分布亦如此，而且现实世界的某些问题中可能出现样例的分布严重偏离正态分布的情况。此时，我们需要有新的解决办法。

前文中我们提到，可利用区间估计方法，将身高分为若干范围段，然后利用每一范围段内的男生与女生的频率代替各自的似然值。这一办法比较粗略且无法得出平滑的似然函数，但却是有一定道理的。这样的做法，不需要假设似然服从某种分布，自然也就可以克服最大似然估计方法的弊端。显然，在真实的似然函数不符合正态分布的情况下，该做法可以得出更合理的估计结果。在样例相对充分的前提下，该做法的适用范围大于最大似然估计方法。在该思路基础上提出的相应方法称为似然的非参数估计法，而最大似然估计属于似然的参数估计方法（正态分布中的期望与方差或协方差即是所谓的参数）。

不过，上述的办法太缺少精细化的考量。

那么，怎么做更合理呢？显然，将身高分为若干范围段后，某个范围段（即区间）的长度越大，则观测样本（即已知样例）落入该区间的个数会越多，因此，我们必须考虑此因素。另外，观测样本总数的多少显然也直接影响着似然的估计结果。如果总的观测样本越多，则落入某个区间的样本数也会越多，反之亦然。除此之外，在其他条件固定不变的情况下，落入某个区间的样本数越多，我们可认为该区间对应的似然值更大。因此，基于上述三个因素，可以得出一个形式化的似然估计的公式。以一维变量为例，假如要对某一类别的似然进行估计，假设已知的一批观测样本的总数为 n，落入某个区间的样本数为 k，区间的长度为 v，则可认为该区间对应的似然值与 $\dfrac{k}{nv}$ 成正比。为了简单起见，可直接将 $\dfrac{k}{nv}$ 称为该区间的似然值。这就是著名的似然的非参数估计的核心公式。

在应用中，我们需要对连续空间中的每一点都进行似然估计。鉴于此，我们对某一点进行似然估计时，以该点为中心，取出一个区间，然后利用上文的方法，将该区间的似然估计值作为该点的似然值即可。

你可能会说，似然值只是与 $\dfrac{k}{nv}$ 成正比，其并不等于 $\dfrac{k}{nv}$。但是，这不影响我们最终的决策，因为，我们最终只是根据相应数值的大小进行决策。严格地说，应认为似然值等于

$\alpha \dfrac{k}{nv}$,其中 α 为一个大于 0 的常系数。显然,α 不会对我们最终的决策造成任何影响。

接下来,你可能还有如下问题:上述核心公式中,只有 n 是已知和确定的,另外两个量都是不确定和可变的,那么我们到底该如何进行似然估计呢?

办法是有的。虽然 k 和 v 都是可变的,但是,我们可以采取在规定其中一个变量的条件下,确定另外一个变量的值的方式。具体地,第一种方式为先规定 v,然后确定出相应的 k,最后将 $\dfrac{k}{nv}$ 之值作为相应类别在被估计点的似然值。第二种方式为先规定 k,然后确定出相应的 v,最后将 $\dfrac{k}{nv}$ 之值作为相应类别在被估计点的似然值。

似然的非参数估计法的要点概括如下。

（1）不对似然的分布做任何假设。

（2）将一个区间的似然估计结果作为一个点的似然值。

（3）将核心公式 $\dfrac{k}{nv}$ 之值作为相应类别在被估计点的似然值。

（4）对每一个类别,需要进行似然估计的点可以是连续特征空间中的任一点。

（5）第一种方式:先规定 v,然后确定出相应的 k,最后利用 $\dfrac{k}{nv}$ 进行似然估计。

（6）第二种方式:先规定 k,然后确定出相应的 v,最后利用 $\dfrac{k}{nv}$ 进行似然估计。

著名的 Parzen 窗方法属于第一种方式的经典方法,而 K 最近邻估计属于第二种方式的经典方法。

第一种方式的一个明显优点在于:由于事先规定 v,可以将用于似然估计的区间的大小选得比较合适。但是,实际应用中,在规定 v 的条件下,可能存在相应区间中 k 等于零的情况,这是应用中必须要避免的。

第二种方式的明显优点在于:由于事先规定 k,不会出现在相应区间中 k 等于零的情况。不过,事情经常有两面性,假如在第二种方式中 k 规定得不合理,对样例比较稀疏的区域部分进行似然估计时,则可能出现相应区间的空间范围较大,估计结果不够准确的情况。

非参数似然估计应该注意什么问题呢？一般教材中有一些复杂的理论分析，指出若满足某某条件和具有某种理论属性，就可以使得估计结果逼近真实值。而本书的主要目的在于帮助读者，以轻松和容易的手段对重要知识点进行理解，因此，我们不去重复晦涩的理论公式。我们主要以文字的形式来阐述方法的思想与原理。

我们容易想到，非参数似然估计的基本思路在于用一个区间的似然估计来代替一个点的结果。不管采取哪一种方式对一个点进行似然估计，以该点为中心取出来的区间应该比较小。假如区间取得太大，估计结果就不够准确。这是显而易见的。另外，已知的观测样例越多，区间可取得越小；相反，在观测样例偏少的情况下，一般而言区间应取得较大，因为太小的区间会导致区间中 k 为零和估计出的似然值为零的情况。

一般教材中的似然估计看似高深，包含若干公式和理论分析。其实不然，在我们社会中就有采用与似然估计相似思路的实例。举例来说，不同区域的人口密度的估计，就是和似然估计差不多的一个问题。假如有估算出每一个地理位置的人口密度的需求，那人们是怎么做的呢？事实上，人们基本上就是采用与非参数似然估计相似的思路来估算的。

前文已经提到，似然估计的最基本条件为，首先已知一批观测样例（即一批离散的观测值），需估计出连续空间中任一点的值（因为需要估算似然值的点可能来自空间中的任一点，所以，一个似然估计方法需要有此能力）。这样的问题，其实可以看作一个"反问题"。换言之，若似然函数已知，其包含了完整的概率信息，据其可以得出样本空间中任何一个样本出现的概率（由于一个样本可以看作样本空间中的一个点，因此，也可称该概率为相应点的概率）。该问题中显然没有任何的信息缺失。相反，如果只已知若干点的概率，要求从这些已知值估算出所有点的概率，这是一个与根据已知似然函数得出一些离散的点的概率相反的问题，因此称其为"反问题"。"反问题"最大的特点在于信息的不完整性和缺失。由于该特点，不管使用的思路多好，估计结果也只能是真实值的近似，因为我们只是用若干已知数据（一些离散的概率值）去拟合出可能的全部数据（即连续空间的数据——概率），拟合的过程中必须加上人为的一些假定或者"猜测"。从另一个角度说，上述拟合的办法可能得出不同的结果，因此，我们也说似然估计结果具有不确定性。

最后，需要说明的是，本书所述的似然估计问题均是关于连续变量（例如身高）的，离散变量（例如中文汉字）的似然估计不在本书的讨论范围内。

2.5 主成分分析与线性鉴别分析——最具代表性的特征抽取方法

主成分分析与线性鉴别分析是模式识别课程的重要内容。多重要呢？我们说，特征抽取（或特征提取）是一个模式识别系统的核心步骤。主成分分析与线性鉴别分析则是特征抽取中的核心方法，二者经常被联系在一起，说到甲，人们自然想到乙，反之亦然。为什么二者如此"关系亲密"地成为一对好哥们呢？我们将一一道来。

我们先来看特征抽取的目的是什么？特征抽取一般肩负两个任务：一是对原始特征进行某种变换；二是在变换的过程中，使不同类别（或不同样本）有相对较好的区分性。

一般来说，特征抽取的特征维数会低于原特征，因此，我们也说一般的特征抽取方法（譬如线性特征抽取）具有维度缩减（数据压缩）的能力。以人脸识别等任务中的原始图像数据为例，其存储和传输需要占用较大的物理空间。使用特征抽取方法可大大降低原始图像数据的大小。降低程度有多大呢？举例来说，一个大小为 100×100 的原图像（即原图像为 100 行、100 列的矩阵），将其转换为矢量时，矢量的维数为 10 000（即该矢量具有 10 000 个元素）。若采用特征抽取方法，有望将这样的原始数据转换为几十维的有效矢量（理论上，线性特征抽取方法可根据需要将原始数据转换为 $1 \sim 10\,000$ 维的矢量）。为什么能如此呢？

形象地说，这是因为特征抽取方法具有强大的"抽象"与"概括"能力。"抽象"与"概括"的最大特点是什么呢？是从原始"素材"中提取出最重要最本质的"东西"。譬如，一篇长篇大论的文章的摘要就是文章的高度"抽象"与"概括"。我们小时候学课文时，所谓一个段落的"中心思想"，就是作者想在此段落表达的主要意思的提炼，也是抽象——"抽象"与"概括"具有很强的"化繁为简"的功效。我们也可以说，好的特征抽取方法就是要对原始数据有很好的提炼与加工能力。

由于特征抽取方法对原始数据进行提炼和加工，因此其结果不同于原始数据。从理论上说，其结果是原始数据的线性或非线性变换。

特征选择方法是与特征抽取紧密相关的一种方法。但是，二者存在如下最大的区别：特征选择是指从原始特征中选取出一些关键的特征。假如将一个样本的所有原始特征组成为一个集合 A，将其做特征选择后的所有特征组成一个集合 B，则集合 B 显然是集合 A 的子集。以文章的摘要提取为例，假如我们对文章的词汇进行特征选择，那就应该从原文中挑选出若干关键词,并将这些关键词组合起来作为指代原文的摘要。

大家觉得,对同一篇文章进行概括时,是为其写一个专门的摘要好呢? 还是采取基于一定的准则(譬如,出现次数越多的词越重要等准则)挑选出一些关键词的方式好呢? 根据我们的一般认知,前者是更好的,因为它更能提炼出全文的脉络。而后者由于缺少对原文的必要加工,其表达的意思比较有限,甚至可能出现所有挑选出的关键词不能串联为语义完整与语法正确的句子的情况。

与上述例子类似,特征抽取方法一般比特征选择方法对原始数据的"提炼"和总结能力更强。这也是其应用更广泛的原因。不同的特征抽取方法,各自的思路不同,因此会基于不同的"目标函数"设计各自的算法。

2.5.1　主成分分析(PCA)

主成分分析(Principal Component Analysis,PCA)又称主分量分析、K-L 变换,堪称特征抽取方法中的经典。早在 1901 年,皮尔逊就提出了主成分分析。1933 年,霍特林对主成分分析的发展作出了重要贡献,其提出的推导模式被视为主成分分析模型的成熟标志。此后,主成分分析作为一种数学方法和有力的数据分析工具,开始了开挂的"人生",几乎在所有学科中都有它的"身影"。比如,20 世纪 90 年代,主成分分析被引入人脸识别领域后,随即刮起一阵旋风,大家对其在人脸图像数据上的高效特征抽取能力爱不释手,因其不仅将图像数据的维数大大降低,而且还能取得很优秀的人脸识别效果。喜欢它的人,视其为"神",因为其简洁明了,"疗效好"。而有意抵制它的人,视其为"鬼魅妖魔",憎其在应用领域无孔不入的"渗透"及让前辈颜面尽失的做派。

主成分分析引起这么多"风波",其到底神在何处呢? 其实,很简单,主成分分析"一招鲜"的手法就一条——提取样例中体现各自特点的信息,用术语来说,就是使得所有样例之间差异最大化的信息。换言之,我们可形象地认为,若把主成分分析方法看作一个大家族的"族长",它是一个十分民主的族长,它十分鼓励孩子们(所有样例)差异化和个性化发展,根据自己的兴趣爱好,各自发展自己的特质,孩子们越不相同越好。等孩子们长大了,族长观察出它们各自最有特色之处和专长,然后建议它们各自往自己的专长方面去发展自己的事业。

回到主成分分析本身,该如何提取出使得所有样例之间差异最大化的信息呢? 相应的数学准则应该是什么呢? 这个容易。主成分分析在应用中对原样例进行特征抽取时,不同特征维(一个样例的特征抽取结果为一个矢量,该矢量中的每一个元素就称为该样例的一个特征维)是独立抽取出来的。因此,可以单独地对一个特征维进行分析。数学上,衡量标量数据之间差异性的最直接方法就是方差。因此,只要使得所有样例被抽取出的同一特征维之间的方差最大,就能满足主成分分析的要求,这是一个很容易量化和实现的准则。

更具体地说,对一组具有多维特征的样例来说(主成分分析只用于对特征维数大于 1 的样例进行特征抽取),主成分分析的应用其实简洁明了。首先,计算出所有训练样例的协方差矩阵。然后,计算协方差矩阵的若干最大的特征值和特征向量(应用中,每一个特征值对应着一个特征向量)。最后,分别利用计算出的每个特征向量与样例做内积,其结果即是相应的特征抽取结果。假如我们一共求出了协方差矩阵的 p 个最大的特征值和相应的 p 个特征向量,则分别用这 p 个特征向量,就可以得出每一个样例的 p 个特征维。

为了更加清晰,我们将基于主成分分析的特征抽取过程表述如下。

(1) 基于所有训练样例,计算出协方差矩阵。

(2) 计算协方差矩阵的 p 个最大的特征值和相应的 p 个特征向量。

(3) 利用协方差矩阵的 p 个特征向量,抽取出每个样例的 p 个特征(样例与相应特征向量的内积即是特征抽取结果)。

主成分分析提取出的方差最大的信息到底有什么物理意义呢?其最大意义在于方差最大化的约束,将使得提取出的特征最大程度反映原始数据中的信息。

1947 年,美国统计学家斯通开展的研究工作十分有说服力。他利用美国 1929—1938 年各年的 17 项原始国民经济数据(包含雇主补贴、消费资料、生产资料等)进行主成分分析,然后发现,主成分分析得出的三个新变量(即原来 17 项数据的特征抽取结果),竟然就包含了原始数据中 97.4% 的信息,这在经济学界引起了较大的轰动。

其实,理论上可以说明,假如用不同方法对原始数据进行特征抽取,在相同特征维的前提下,若将特征抽取结果反变换到原始数据空间,则主成分分析对应的反变换结果与原始数据空间的差异最小。这无疑就是主成分分析提取出的特征最大限度地包含了原始数据中的信息的明证。

那么,主成分分析为什么能那么神奇?它实现"魔法"的关键是什么?

原始数据有一个基本事实:表示原始数据的矢量中各个元素之间往往存在相关性。

这个不难理解，我们以常见经济指标为例，居民消费价格指数、生产者价格指数、大宗商品价格指数三者都是经济活力的重要体现，而且是从不同方面进行的描述。尽管这三者是从不同角度对宏观经济的"观察结果"，但它们之间的关联性（相关性）也是十分明显的，上述三个经济指标一般情况下会同升同降。因此，如果能去掉三者之间的相关性，应该能实现对原始数据的"压缩"。如此"压缩"的结果将是，只用一个或者两个变量就可以很好地、综合式地反映上述三个指标蕴含的信息。

主成分分析的算法设计就完全具有上述功能，其在对原始数据进行变换的过程中，同时要求变换结果（即特征抽取结果）是不相关的。正因为如此，主成分分析具有了很好的"精炼"原始数据的功能。

那么，在数学上主成分分析又是以何种形式对原始数据进行"精炼"的呢？事实上，由于样例与相应特征向量的内积即是特征抽取结果，样例与相应特征向量的维数又相同，因此，一个特征向量关于样例的特征抽取结果是一个标量，且其为样例的各个元素的加权和（特征向量的元素分别作为样例的各个元素的权重）。

介绍完主成分分析，我们就来看看它"形影不离"但又"和而不同"的好哥们——线性鉴别分析。

2.5.2   线性鉴别分析（LDA）

作为一个大家族的族长，线性鉴别分析（Linear Discriminant Analysis，LDA）不同于强调孩子们个性化发展的主成分分析。打个比方，线性鉴别分析强调规矩，希望每个小家庭的孩子们出门都穿着自家的"制服"；同一家的几个孩子，身高不同，因此衣服长短不一样，但衣服的款式完全一样。而且，各家的制服差别要尽量明显，便于对各家的孩子进行区分，即使让刚来的保姆去幼儿园接孩子，也十分容易辨认。

言归正传，数学上线性鉴别分析的思路到底是什么呢？很简单，和上面的比方类似，它要求在对原始样例进行变换时，变换结果应该具有如下特点：同一类别的样例的变换结果越相似越好，而不同类别的样例的变换结果差异越大越好。线性鉴别分析为什么要这样呢？因为它认为这样有利于后续的分类，这样的做法理论上可使得不同类别的样例相对容易区分。

若我们还是将样例比作孩子，线性鉴别分析与主成分分析具有如下显著区别。主成分分析这个族长管辖范围内的孩子们，由于鼓励个性化发展，所以他们的穿着可以五花八门、五颜六色。而线性鉴别分析这个族长管辖范围内的孩子们，由于有着严格的规矩，他们的装束十分"套路",每个小家庭的孩子都穿着自家统一的制服(图 2.9),整齐划一,每个小家庭的孩子们衣着的区别,就只有长短和大小的区别。同时,不同小家庭的孩子们的制服差别很大。

图 2.9 穿制服的孩子

从术语上说,线性鉴别分析属于有监督的方法,而主成分分析属于无监督的方法。

我们可以做如下形象化的类比:线性鉴别分析强调小家庭内部衣着的统一以及小家庭之间衣着的差异性,为了达到这个目的,族长必须进行监督和管理,否则,可能出现不合规的衣着。要实现有效的监督,就需要知道每个孩子来自哪个小家庭,这样才能判定他/她是否穿对了衣服。而主成分分析强调孩子们的个性化和差异化,因此,不用监督和管理孩子们的衣着,反而是越彰显个性越好。主成分分析这个大家族中,没有制服这一说,不需要衣着的监督和管理,因此也不需要知道每个孩子是来自哪个小家庭。

线性鉴别分析和主成分分析的形式化实现和上文所述也十分相似。主成分分析的实现过程中,不需要样例的类别标签,只是在所有样例的特征抽取结果的差异最大化的约束下进行。而线性鉴别分析的实现过程中,是必须知道每一个样例的类别标签的,这样才能达成同一类别的样例的变换结果越相似越好且不同类别的样例的变换结果差异越大越好的目标。

2.5.3 其他

主成分分析和线性鉴别分析是特征抽取方法中的"宠儿",对模式识别领域的研究者和工程师们,它们可以说是"家喻户晓"。但是,它们依然存在一定的局限性,就像我们人类一样,并不完美。

这两个方法的局限性何在?传统的线性鉴别分析和主成分分析均只能用于对一维数据即矢量数据进行特征抽取,由此带来诸多不便。假如我们要处理的数据是 200×200 大小的图像矩阵,那应用这两个方法之前,我们必须把每一个图像转换为一个 $40\,000$ 维的矢量。在此基础上,主成分分析对应的协方差矩阵为一个 $40\,000 \times 40\,000$ 的矩阵,这是一个令人恐惧的数字,因为如此"庞大"的矩阵的特征向量计算将耗费巨大计算资源。面对上述图像矩阵时,线性鉴别分析也存在一样的难题,而且有过之而无不及。线性鉴别分析中类间散布矩阵与类内散布矩阵的大小均为 $40\,000 \times 40\,000$,而且还需计算类内散布矩阵的逆矩阵,计算量的巨大可想而知。

对于上述难题,有什么解决办法吗?答案是肯定的。我们看到,主成分分析的核心是计算矢量形式的样例的协方差矩阵,对于矩阵形式的图像数据,我们是不是可以直接计算出一个协方差矩阵呢?巧合的是,按照协方差矩阵的计算公式,在数学上是可以直接对矩阵形式的样例进行计算的。基于此,研究者设计了著名的二维主成分分析方法,由于其极其高效的计算效率,该方法产生了很大的反响,相应的学术成果[1]发表于人工智能顶级期刊上。与二维主成分分析方法相对应,人们也将线性鉴别分析方法扩展到了二维线性鉴别分析。

除此之外,还有若干主成分分析与线性鉴别分析的改进方法,这些方法各有千秋。其中一些方法具有不错的效果。例如,如上所说的二维主成分分析方法,实际应用中可存在两个不同的协方差矩阵,因此,可以有两组不同的特征向量。笔者经分析发现,这两组特征向量提取出的特征具有较好的互补性,因此提出同时利用它们进行特征提取,实验表明这样的做法可带来显著的分类正确率的提升,有兴趣的读者可参见相关文章[2]。

你可能会问,主成分分析与线性鉴别分析这哥俩到底谁更优秀呢?实际应用中该如何选择呢?从计算复杂度的角度看,主成分分析更优。但是,从后续分类精度的角度看,二者没有绝对的高低之分,虽然线性鉴别分析的思想看起来更"炫酷"一些。事实上,在模式识别领域,理论上没有一个方法可以在所有情况下绝对地优于另一个方法。常态的情况是,不同方法有不同潜在的适用范围和场景,这也是我们在平时的实验中,经常会发

---

① YANG J,ZHANG D,FRANGI A F,et al. Two-Dimensional PCA：A New Approach to Appearance-Based Face Representation and Recognition[J]. IEEE Transactions on Pattern Analysis and Machine Intelligence,2004,26(1)：131-137.

② XU Y,ZHANG D,YANG J,et al. An Approach for Directly Extracting Features from Matrix Data and Its Application in Face Recognition[J]. Neurocomputing,2008,71(10-12)：1857-1865.

现不同数据集上不同方法的精度表现各不相同的原因,在数据集甲上,A方法最佳,但在数据集乙上,B方法最佳。这也许就是"兵无常势"吧。

2.6 本章小结

本章系统地探讨了基于概率的模式识别的理论与方法。我们从介绍概率理论的基本概念开始,通过实际例子逐步揭示了概率在模式识别中的应用,尤其是如何通过建立数学模型来处理和解析实际问题中的不确定性。

概率理论的核心在于从已知数据中推导和预测未知事件的可能性。在模式识别领域,这通常涉及识别和分类数据或模式。我们通过女明星的医疗决策例子展示了如何运用贝叶斯分类来进行决策支持。女明星的例子说明了在高风险的情况下如何使用概率决策来最小化潜在的负面影响。通过计算和比较后验概率,贝叶斯方法帮助我们确定在给定证据下最可能的结果。

概率的另一个关键概念是似然,它描述了在给定模型参数下观察到的数据概率。我们通过贝叶斯公式将似然和先验知识结合起来,以计算后验概率。这种方法在多个领域中都有应用,例如在医学诊断、股市分析和天气预测等领域。通过似然的估计,我们可以从数据中学习并更新我们的信念或模型参数,这是模式识别中的一个核心步骤。

此外,本章还介绍了主成分分析(PCA)和线性鉴别分析(LDA),这两种方法都用于从数据中提取最具代表性的特征。这些方法不仅帮助我们降低数据的维度,而且确保了在降维的同时保留最关键的信息,这对后续的分类和预测任务至关重要。

通过这些概念和方法的讨论,我们讲述的不仅是概率理论在理论上的重要性,更重要的是强调了它在实际应用中的价值。概率方法提供了一种强大的工具来处理不确定性。无论是在金融市场上作出投资决策,还是在医疗领域中作出治疗选择,概率理论都能提供科学的决策支持。这正是我们需要学习概率理论的原因,它帮助我们评估不确定性并在多种可能性中作出最佳决策。

第**3**章

聚类——物以类聚，人以群分

本章将带领读者进入无监督学习之聚类领域。不同于前面讲述的传统分类任务,聚类是模式识别与机器学习领域的一类典型的无监督学习方法,其主要任务是将给定的数据"分门别类"。当然,相比传统分类而言,聚类具有更多的不确定性。例如,在一个篮筐中,如果只有苹果和梨子,大家很容易会将其分类为 2 类;但是,当一个篮筐中,有苹果、梨子、香蕉、芒果、梨花、莲花时,我们是将其分类为 6 类,还是将其分类为 2 类、3 类或4 类呢? 正是这种不确定性给聚类模型的设计和性能的评估带来了不小的挑战。

本章首先介绍聚类的相关概念,然后介绍聚类应用中的两类方法——面向单一视角数据的单视角聚类和融合多源数据的多视角聚类,其中在多视角聚类部分还将介绍多视角数据与多模态数据之间的差异与联系。

3.1 聚类的概念

"物以类聚,人以群分"(图 3.1),出自《战国策·齐策三》,战国时期,齐国有一位大夫,名叫淳于髡,他博学多才,能言善辩。他劝谏齐宣王的方式从来不是讲大道理,而是利用寓言故事、民间传说、山野逸闻。有一次,齐宣王想要招贤纳士,让大夫淳于髡举荐人才,淳于髡一天之内接连向齐宣王推荐了七位贤能之士。

齐宣王很惊讶,便问淳于髡:"寡人听说,人才是很难得的,如果一千年之内能找到一位贤人,那贤人就好像多得像肩并肩站着一样;如果一百年能出现一位圣人,那圣人就像脚跟挨着脚跟来到一样。现在,你一天之内就推荐了七位贤士,那贤士是不是太多了?"

淳于髡答道:"不能这样说。要知道,同类的鸟儿总聚在一起飞翔,同类的野兽总是聚在一起行动。人们要寻找柴胡、桔梗这类药材,如果到水泽洼地去找,恐怕永远也找不

图 3.1　"物以类聚，人以群分"示例

到；要是到梁文山的背面去找，那就可以成车地找到。这是因为天下同类的事物，总是要相聚在一起的。我淳于髡大抵也算位贤士，所以让我举荐贤士，就如同在黄河里取水，在燧石中取火一样容易，我还要给您再推荐一些贤士，何止这七位！"

该则寓言故事说明：同类的事物会自然地聚在一起，志同道合的人也会相聚成群，反之就分开。事实上能够体现"物以类聚，人以群分"思想的例子还有很多，如《易·系辞》曰："方以类聚，物以群分，吉凶生矣。在天成象，在地成形，变化见矣。"意思是相同类别、相同属性的事物往往表现相同，具有相同脾气、相同爱好、相同理念的志同道合的人往往能够在一起交流，能够聚在一起。而如果理念不同、爱好不同、志向不同的人在一起，必然难以相处与合作，甚至会发生纠纷，引起不必要的冲突，彼此费神费力。在现代生活中，我们也经常能看到勤奋的同学聚在一起、玩游戏的同学聚在一起的情况。这些都是"物以类聚，人以群分"的体现。

在模式识别领域，"物以类聚，人以群分"中的"类"和"群"，通俗来说就是指相似元素的集合。聚类分析起源于分类学，在古老的分类学中，人们主要依靠经验和专业知识来对物体分类，很少利用数学工具进行定量的分类。在如今人工智能和大数据技术高速发展的时代，基于数字计算技术的分类学已经广泛应用在各大领域。对于一个分类任务，其主要实现步骤包括数据搜集、数据标注、模型建立和模型训练，其过程是首先利用搜集到的训练数据来对建立的分类模型进行训练，然后依据训练后的分类模型对新数据进行分类。按照训练数据是否具有标签标注信息，这些分类方法又可以划分为有监督分类、无监督分类以及半监督分类。而聚类事实上可视为无监督分类的一种特殊应用分支，其任务是在没有先验经验和标签信息的条件下，自适应地去挖掘数据的区分性，来实现数据的类别划分。正如图 3.2 所示,左侧含有鸭、鼠、猫三类任意摆放的目标图像,针对这些图像数据而言,聚类算法的主要任务即是依据这些图像数据自身的特征,将其分别划分为鸭、鼠、猫三类。

聚类

图 3.2　聚类图示

数据聚类本质上也是参考"物以类聚,人以群分"这一自然规律,其主要任务是期望设计一种聚类算法,能够发现数据类别之间的"差异性",将数据"智能"地划分为不同的类别,其中被划分到同一类别的数据应具有"高度相似性",且一般不容许出现"一个物体同时属于两个类别的情况"。对于聚类任务来说,数据之间的差异性是将其划分到不同类别的主要依据。如图 3.2 所示的简单聚类问题就充分体现了聚类的"物以类聚,人以群分"这一思想,期望智能的聚类算法也能精准地将数据按照"鸭、鼠、猫"划分为三组。但是,由于没有标签信息的参考,要让聚类模型以无监督的方式提取图像中最利于聚类分组的特征及得到准确的聚类分组结果非常困难,这也是聚类领域专家学者倾力研究的关键科学问题。

3.2　单视角聚类中典型的数据聚类方法

单视角聚类是最简单、最传统的一种聚类,也称为单一视角聚类,是一种基于单一数据源或视角数据的聚类方法。在这种方法中,只使用了一个特征集或数据源来对数据进行聚类,而没有考虑来自其他数据源或视角的信息。这与多视角聚类(我们将在 3.3 节详细介绍)不同,多视角聚类会将来自不同数据源或视角的信息结合起来,期望基于更全面的信息获得更准确的聚类结果。

3.2.1 层次聚类法

聚类分析内容非常丰富，例如单视角聚类方法一般可广义地分为两大类：层次式聚类（Hierarchical Clustering）和划分式聚类（Partitional Clustering）[①]。典型的层次式聚类方法首先计算样本间的相似度，然后以此为基础构造具有层次的聚类树图，在该树图中的叶子节点即为待聚类的观测数据，而具有相同父节点的观测数据则自然地被视为同一个类别。一般地，层次式聚类方法的基本步骤如下。

（1）首先将每个样本划分为独立的类；假设有 n 个样本，则此时类别数为 n。

（2）计算类与类间的距离/相似度，并将最相似的两个类或距离最小的两个类合并为一个类，合并后类别数为 $n-1$。

（3）计算新合并的类与所有旧类之间的距离或相似度，并参考第（2）步继续对最相似的两个类进行合并。

（4）参考第（3）步继续执行，直到最后所有样本都被合并为一个类别为止。

以 single-link 聚类方法为例，该方法也称为最近邻法（Nearest Neighbor），该方法以两个类别（簇）内距离最近的两个样本之间的距离作为相似程度度量基准，该距离同时也是某两个类别是否需要被合并的依据。下面以"最小成本铺路"问题为例来了解 single-link 的聚类思想。

single-link 聚类范例之"最小成本铺路法"[②]：我们知道国家正逐步推进新农村建设，其中有代表性的一项工作就是乡村道路的建设，该项工作不仅可以改善农村交通状况，而且可以促进农村经济的发展和生活水平的提高。在乡村道路建设问题上，假设村里住户有 9 户，村民住房分布如图 3.3 所示，若想要家家户户都能通路，同时让修路成本最低，该如何进行道路的铺设？即如何找到一种"成本最小"的铺路方法？

对于该问题，事实上只需要按照"从短到长、一步一步循序渐进"的方式铺路即可。具体来说：

（1）找出村里离得最近的两家，为这两家住户先铺上路，并看成一个大户。

（2）按照第（1）步继续找出离得最近的两家并铺上路；当然，对于某一个大户而言，

---

① JAIN A K. Data Clustering: 50 Years Beyond K-means[J]. Pattern Recognition Letters, 2010, 31(8): 651-666.

② https://www.xiaohongshu.com/user/profile/5f192f6c000000000101f445.

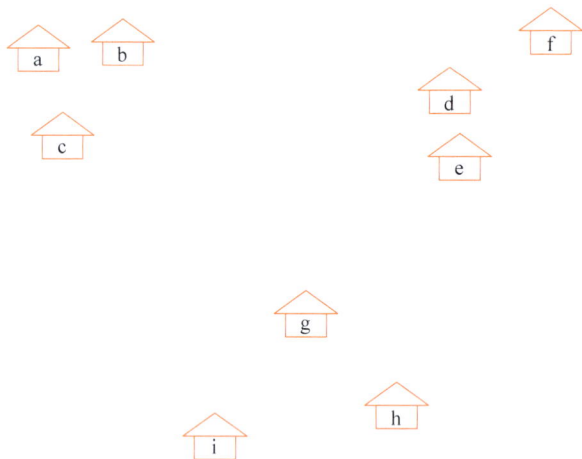

图 3.3 村民住房分布图

实际包含了若干小户，所以对于大户与大户之间的铺路或者大户与小户之间的铺路，只需要找到与这个大户离得最近的某个小户铺上路即可。

（3）按照第（2）步的策略，继续铺路，直到所有村民的住房均铺上路即可。

简要的铺路过程如图 3.4 所示，这便是基于 single-link 的最小成本铺路方案。

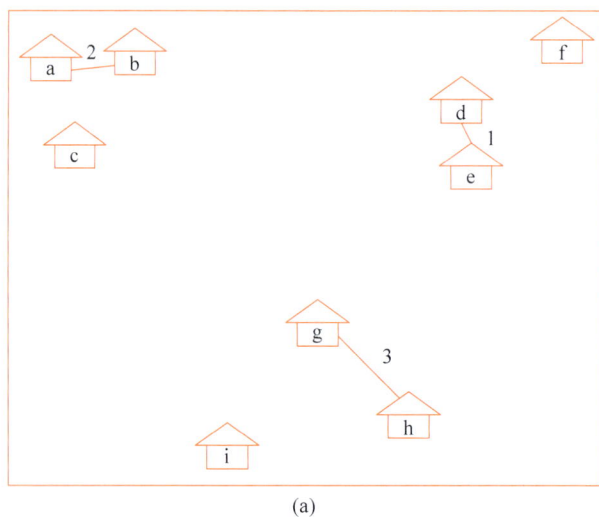

(a)

图 3.4 简要的铺路过程

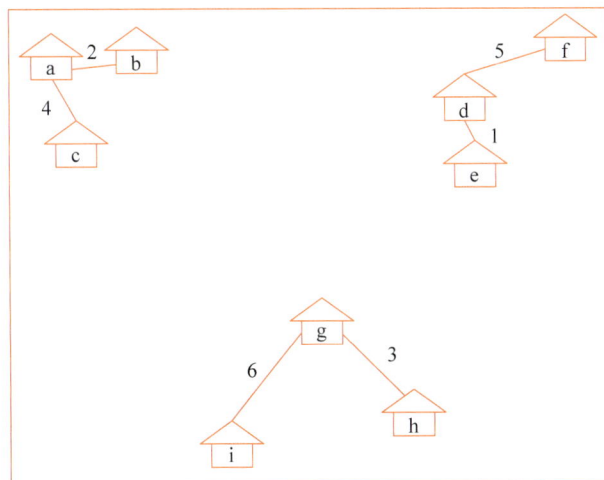

(b)

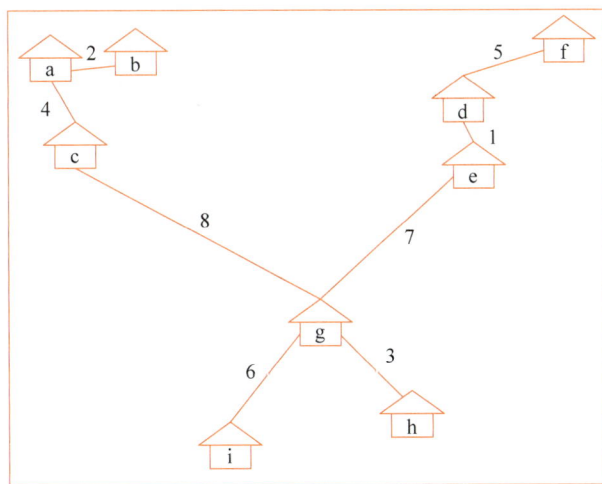

(c)

图 3.4 （续）

图 3.5 采用树的形式展示了村子住户修路的路线图，从数字 1～8，数字越小，说明两个住户的距离越短。从该图也能发现，7 号和 8 号线路较长，从而可以分析得出，村子居民住房主要分布在三个区域：{a,b,c}、{d,e,f} 和 {g,h,i}。

此外，从图 3.5 还能发现，该基于 single-link 的最小成本铺路方案，实际上是一种自下而上的层次聚类方法，根据村里的铺路情况就能得到这张反映村里通路的层次结构图。只要切掉最长的两条通路（即 7 号和 8 号），村民住房的连通区域就变成如图 3.6 所示的三个区域。

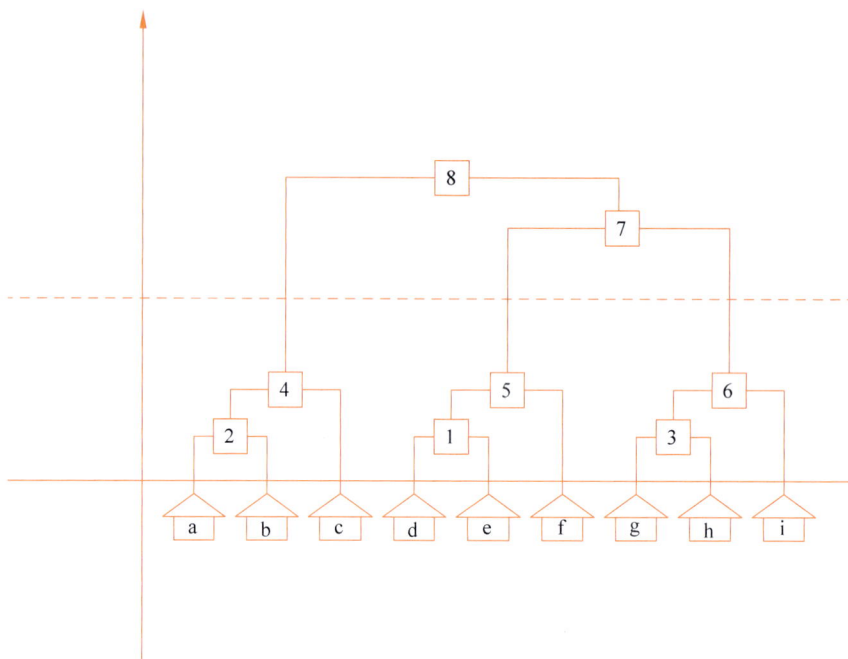

图 3.5　single-link 层次聚类图

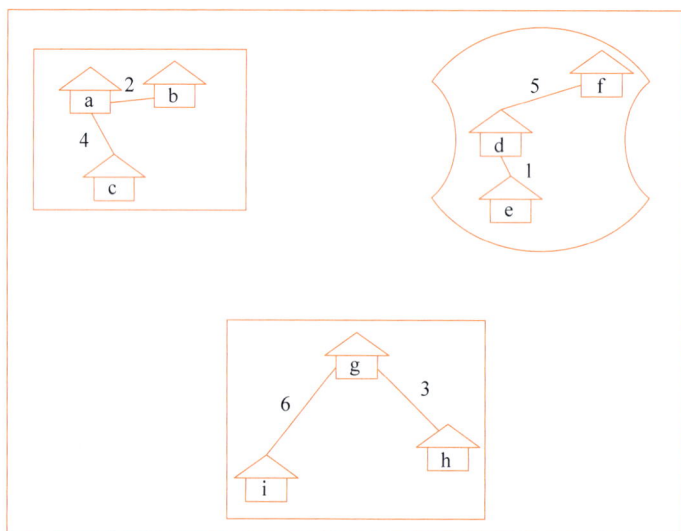

图 3.6　村民住房的连通区域

在实际应用中，对于含有 n 个样本的数据，single-link 聚类的步骤总结如下。

（1）计算：计算 n 个样本两两之间的距离或相似度矩阵。

（2）构图：构建类似如图 3.5 所示的最小生成树，得到层次结构图（又称为树状图）。

（3）聚类：根据期望的分类类别数来划分数据，如果想要分成 C 类，则切掉最长的 $C-1$ 条边，即可得到具有 C 个连通区域的子树，也就是数据的 C 类聚类结果。

层次聚类的优点：可以得到任意形状的簇，可以发现类之间的层次关系；无须限定聚类类别的个数。

层次聚类的缺点：一般而言，层次聚类由于使用了多次样本合并和划分方案，计算复杂度一般较高，不适用于大样本数据的聚类；层次聚类易受噪声的干扰，即对噪声鲁棒性弱。

3.2.2 K-means

不同于 single-link 这种层次式的聚类方法，K-means 是划分式聚类的代表性方法之一。以欧氏距离作为"数据间是否相似"的度量准则为例，K-means 聚类可通过最小化类内欧氏距离的方式来将数据划分为不同的类别。

基于 K-means 的村里快递站点选址：某村居民分布如图 3.7 所示，居民希望能够在村里建立两个快递站点，方便日常生活中快递的寄取，那么这两个快递站点究竟应该建立在哪个位置才能让所有居民都能在尽可能少的时间、走尽可能短的路程去往快递站点寄取快递呢？

显然，若将快递站点建立在如图 3.8 所示的上、下两个位置，每个居民到快递站点的距离都比较远，这显然不是一个最优的快递站点建立位置。那该如何找到符合时间和路程最少要求的最优快递建站点呢？以 K-means 为代表的快递站点寻优方案介绍如下。

（1）事实上，当快递站点的位置固定时，我们可以假设居民一般会去距离近的站点寄取快递，于是我们就可以得到"哪些居民会去哪一个站点寄取快递"这一信息，该信息可用图 3.8 中的连接线表示。

（2）由于上一步初始化的快递站点并不是最优的，我们需要继续寻找最优的快递站

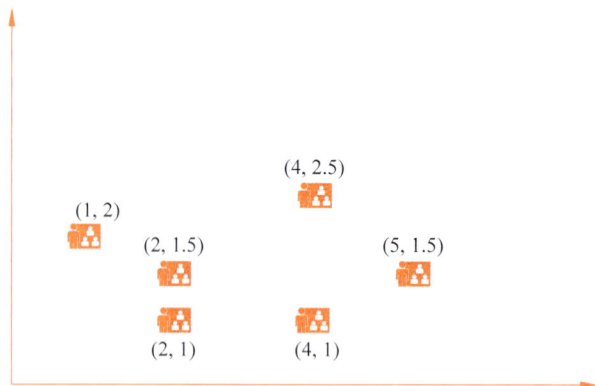

图 3.7　某村居民分布图

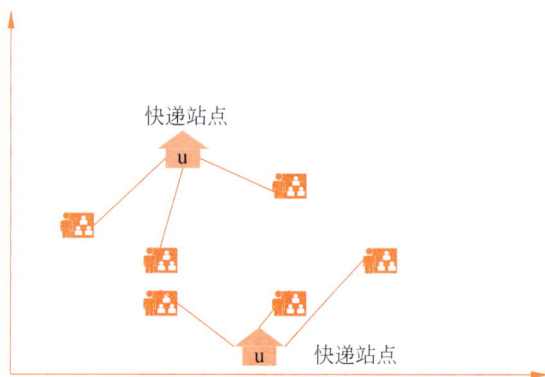

图 3.8　假设快递站点建立在上、下两个位置

点。在 K-means 聚类方案中，可根据上一步"居民"对于快递站点的选择情况，将快递站点更新为选择这一快递站点的那些居民的均值位置，即如图 3.9 所示。此时再计算所有居民与快递站点的距离，依据居民一般会去距离近的站点寄取快递的假设，对"居民"和"快递站点"的连接关系进行"更新"。对比图 3.9 和图 3.8 会发现，相比图 3.8 中初始化的快递站点而言，更新后的快递站点与居民之间的距离整体上都变短了。

（3）根据居民选择站点的分组情况，按照第（2）步思路，进一步根据片区内居民的位置，更新快递站点的位置，得到如图 3.10 所示的新站点位置。

上述 3 个步骤描述的就是 K-means 的聚类过程，经过一系列站点位置和居民选择站点情况分组的迭代更新，最终会得到如图 3.10 所示的最优的"站点"建设位置及"最优"的居民"片区"分组情况。

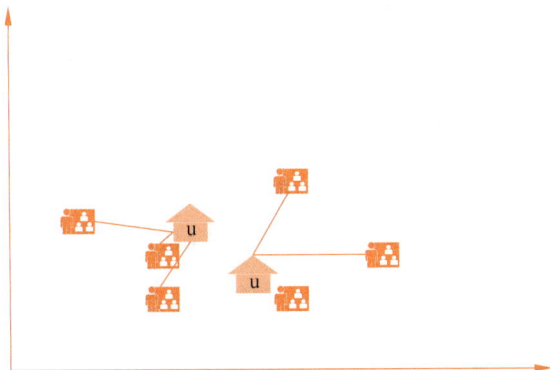

图 3.9 根据上一步初始站点和居民寄取快递情况，更新站点位置

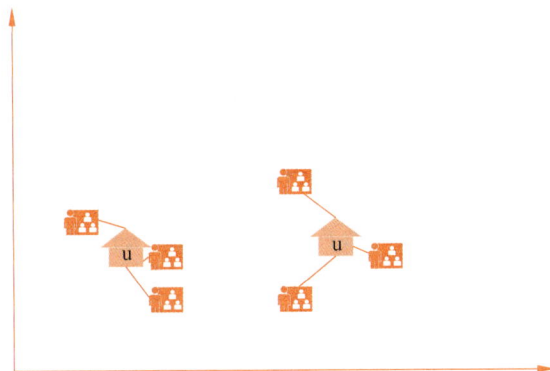

图 3.10 根据上一步站点和居民寄取快递情况，利用居民位置均值更新站点位置

3.2.3 K-medoids

K-medoids 可视为 K-means 的一种改进聚类方法，同样属于划分式聚类方法。

K-medoids 算法的聚类过程如下。

（1）首先随机选取一组样本作为中心点集，各个中心点分别对应一个独立的簇。

（2）计算各样本点到各个中心点的距离，其中距离的计算可依据欧氏距离或其他距离度量方式，将样本点划分为距离其最近的中心点对应的簇中。

（3）在各簇中，计算各个样本点之间的距离，并将同一个簇内距离各个样本点的绝对误差和（曼哈顿距离和）最小的样本点，视为新的中心点。

（4）如果新的中心点集与原中心点集相同，则算法终止；如果新的中心点集与原中心点集不完全相同,则返回第(2)步继续执行。

下面同样以建设快递站点为例来阐释 K-medoids 的工作机理。

基于 K-medoids 的村里快递站点选址:鉴于近年来村里快递业务的激增,为了满足村里住户对寄取快递的需求,拟选择村里两户居民合作共建快递站点,基本原则是,无论是快递站点配送快递,还是居民寄取快递,花费的时间和路程都能尽可能地短。那么对于如图 3.11 所示的居民分布情况,该如何选择最合适的两户居民进行共建快递站点的合作呢?

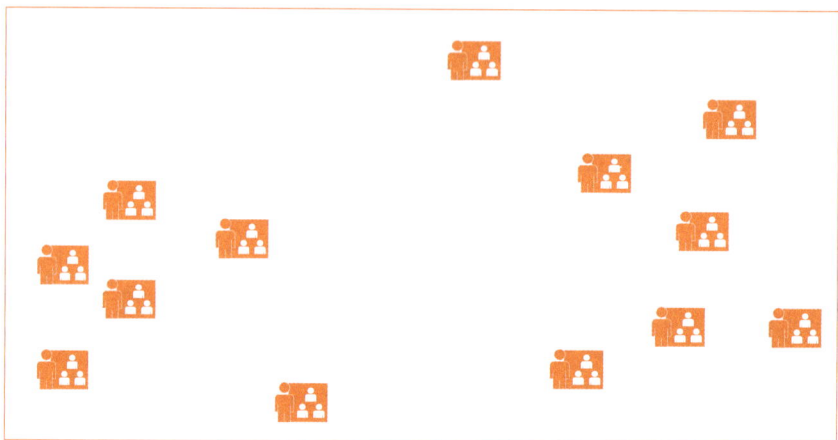

图 3.11　居民分布情况

不同于前面讲述的 K-means 快递站点选址方法,K-medoids 方法的选址步骤如下。

(1)第一天,先临时在村里找两个居民合作共建快递站点。根据快递业务就近分配(路程最短)原则,可得到如图 3.12 所示的快递站点与其他居民寄取快递路线关联图,并得到以快递站点为服务中心的两组服务区域。

(2)第二天,在两组服务区域(簇)中,分别计算区域内各个样本点之间绝对误差距离(曼哈顿距离),若某一居民与区域内其他居民之间距离的绝对误差和最小,则选取该居民住房作为新的临时中心快递站点;同样根据就近匹配原则对居民和新的临时快递站点进行匹配。此时,可得到如图 3.13 所示的新临时站点和居民寄取快递的关联图。

(3)第三天,重复第(2)步,继续更新两个快递站点的位置——选择区域内曼哈顿距离度量下"路程和"最短的居民住房作为新的临时快递站点;根据就近匹配配送站点和居民的原则,可得到如图 3.14 所示的新站点和居民配送关系图。

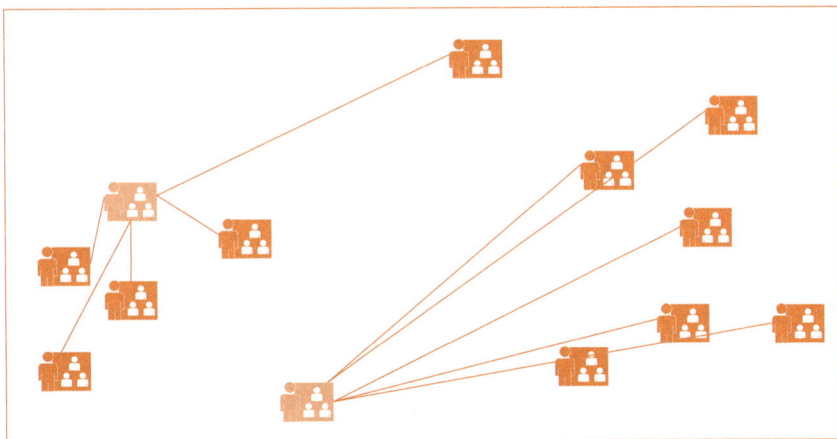

图 3.12　第一天，临时租用两个居民住房作为快递站点并配送快递情况

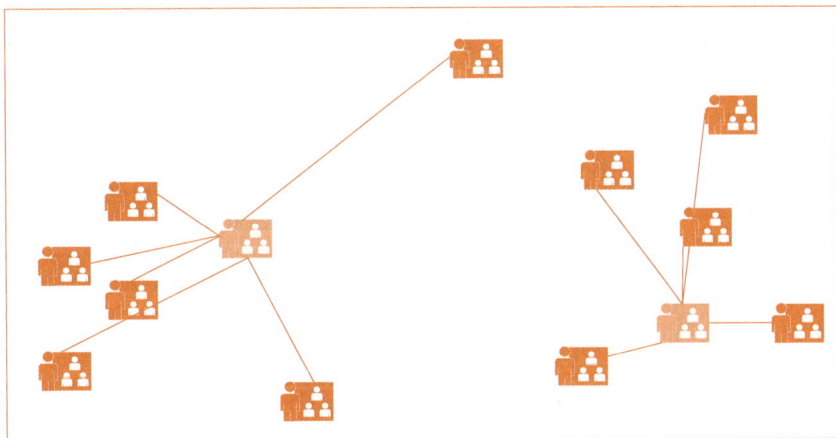

图 3.13　第二天，临时租用两个居民住房作为快递站点并配送快递情况

（4）第四天，重复第（2）步，会得到如图 3.15 所示的临时快递站点与居民配送关系图。

（5）第五天，重复第（2）步，能够发现按照就近匹配原则，每个站点与匹配的居民已如图 3.15 所示不再改变，此时可与当前临时站点的居民签订长期租赁约定，作为最终快递站点。

上述快递站点的选择思路便是 K-medoids 聚类思想的体现。若将图中居民看作样本，则可以发现，通过不停地计算样本点间的距离，并根据最小化"中心点"与以该中心点

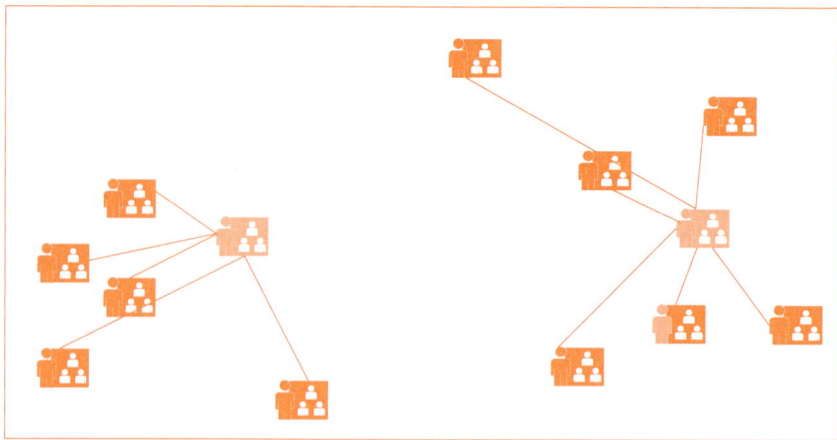

图 3.14　第三天,临时租用两个居民住房作为快递站点并配送快递情况

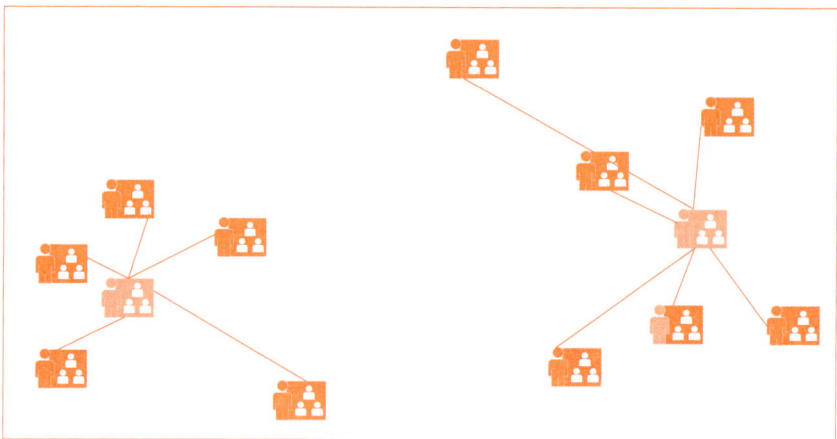

图 3.15　第四天,临时租用两个居民住房作为快递站点并配送快递情况

为中心的簇内样本点的距离总和的原则变更"中心点",最终可将数据划分成以"两个中心点"为中心的两个区域,这两个"中心点"也可以称为"簇心"。

K-means 和 K-medoids 算法都是针对数据为数值型的聚类算法,其中 K-mediods 算法主要存在如下优缺点。

(1) K-mediods 可用于处理大型数据集的聚类任务,而且该算法得到的聚类簇比较紧凑,簇与簇之间区分度高。

(2) 与 K-means 相似,该方法也需要事先确定聚类的类别数和初始中心点,类别数的选择和中心点初始化对于聚类的结果影响较大，往往仅能获得某个局部最优解，不适用于非数值型的数据聚类任务。

（3）K-means 对于噪声较为敏感，而 K-mediods 对于噪声的鲁棒性相对更好，即少数离群点数据对 K-mediods 的聚类结果影响不大。

（4）相比 K-means 算法而言，由于 K-mediods 的中心点计算和更新比 K-means 复杂，其算法复杂度略高于 K-means，约提升了 $O(n)$ 的算法时间复杂度。

3.2.4 其他单视角数据聚类方法

除了上述 K-means 聚类和 single-link 层次式聚类方法外，聚类领域还有基于密度的聚类和基于图学习的谱聚类方法。

1. 基于密度的聚类

基于同一个类别的数据点一般会自然地聚集在一个高密度区域的假设，基于密度的聚类方法通过搜寻这些连接的高密度区域来对这些数据点进行类别划分。但是基于密度的聚类方法一般也是在原始的数据空间进行类别划分，因此该类方法对数据的噪声也比较敏感；此外，当数据维度特别高时，在原始特征空间中数据分布复杂且区分困难的情况下，基于密度的聚类方法往往难以取得令人满意的聚类效果。

2. 基于图学习的谱聚类

基于图学习的谱聚类与划分式聚类方法具有很大的差异。如图 3.16 所示，该方法主要通过如下三个步骤来对数据进行聚类划分。

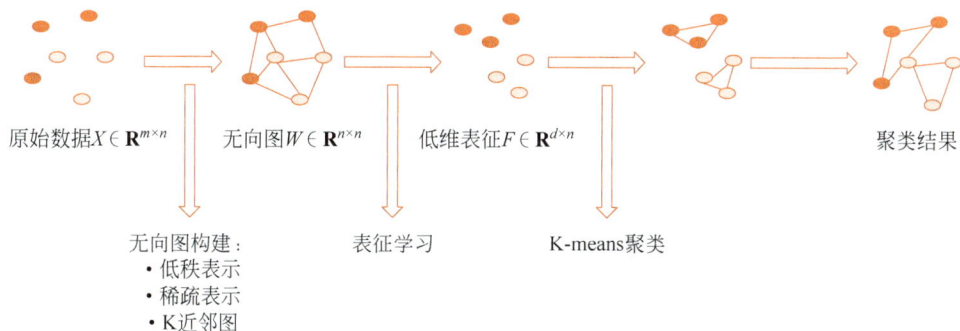

图 3.16 基于图学习的谱聚类流程

（1）无向图构建：从数据中构建或学习能够反映样本关系的无向图（也称为仿射图或亲和力图）。若数据含有 n 个样本，那么该无向图的维度也应是 $n \times n$，即每一个元素代表两个样本间的某种关系。一般来说，两个样本越相似，无向图中对应的元素也应越大（图 3.16 中体现为两个样本之间"连接边/线的强度"），表示这两个样本来自同一个类别的可能性越大。

（2）表征学习：对该无向图使用某种图分割方法，如采用对无向图的拉普拉斯矩阵的奇异值分解方法，得到数据的低维表征。

（3）K-means 聚类：使用 K-means 对该低维表征进行聚类，从而得到数据最终的聚类结果。

从三大步骤可以发现基于图学习的谱聚类使用的是低维表征数据来代替原始的高维数据进行聚类，这样能够有效地提高 K-means 聚类的效率；另外，与含有冗余特征的原始数据相比，该低维表征通常具有更紧凑且更具鉴别性的特征，这使得基于图学习的谱聚类能够获得比 K-means 在原始高维数据上更好的聚类效果。基于图学习的谱聚类的第（2）步和第（3）步的结果主要依赖第（1）步中无向图的构建，这表明学习或构建一个高质量的无向图是基于图学习的谱聚类的关键，因此某种程度上可将基于图学习的谱聚类算法称为基于图的聚类算法。

近年来，为了获得好的聚类结果，涌现了大量无向图的学习或构建方法，其中大多数无向图的构建方法都基于如下两个假设。

（1）距离假设：两个样本间的距离越小，这两个样本来自同一类的可能性也就越大，那么在无向图中对应的元素值也应相对较大。

（2）表示假设：若某样本 y 能够被数据集 X 中的样本很好地线性表示（即 $y = Xa$，a 即表示向量或重构向量系数），那么在该线性表示过程中，与样本 y 来自同一子空间或同一类别的样本在该组合线性表示中一般会具有更大的表示贡献。而对于谱聚类的图学习来说，基于表示假设的图学习实质上可构建为自表示模型 $X = XW$，通过优化该模型来得到反映数据内在表示关系的图 W。

以上两个假设实质上体现的是数据中普遍存在的某种相似度关系或联系，而基于图学习的谱聚类方法实质上可视为探索如何挖掘数据样本间最本质关系的问题。

3.3 多视角聚类——兼听则明，偏信则暗

科技的进步带来了数据获取的便利和数据形式的多样化，人们可以用不同的词/文字来从不同的角度形容任何物体或事物，例如，对于花，可以从其颜色、气味、形态等多个角度来描述。事实上，现代互联网、金融和医疗等诸多应用场景中的数据也普遍具有规模大和数据类型多样化的特点。互联网文档包含超链接、图像、文字等多元化信息；在医疗领域，一份标准病例约5GB，包含丰富的文本、影像和音频等类型的数据。手机人人都熟悉，现代手机几乎都含有不止一颗摄像头，以华为P40手机为例，该手机就同时含有像素超感知摄像头和超感知潜望式摄像头，将两类摄像头图像信息融合能够得到质量更优的摄像效果。"萝卜快跑"无人出租车的应用离不开其多种类型传感器对周围环境的感知。在机器学习领域，从多样化的数据传感器或从不同源域获取到的数据统称为多视角数据（Multi-View Data）。由于英中转换的历史原因，Multi-View有时也会翻译为多视图。近年来随着大模型的出现和多模态大模型的兴起，或许大家接触和了解更多的词汇是"多模态"，如图像、文本、音频三种模态，而非多视角/多视图。事实上，多视角数据包含多模态数据，多视角中的"视角"并不是单纯字面意义的"角度"或"方位"，而是一种多层次、多来源、多角度的统称。从学术与应用角度，多视角更接近机器学习，更抽象，覆盖范围更大；而多模态主要体现在应用方面，如图文多模态大模型、图文跨模态检索系统等，其中的模态主要体现在数据表现形式具有显著"模态差异"，如图像和文本数据之间差异显然较大，即多视角数据除了包含如图3.17所示的典型多模态数据外，还包括从同一图像中用不同特征提取器提取的多种类型的图像特征，也包括对同一物体从不同角度采集的图像信息等。

为什么要研究多视角学习呢？ 正如"管中窥豹""坐井观天"所体现，单一视角下对事物的认知是片面的，这说明单一视角的信息并不能充分地描述这个物体。事实上，在如今数据驱动的人工智能研究中，单一视角下的数据已经不能满足提升机器认知能力的需求。与人类利用视觉、听觉、嗅觉、触觉等多种感官信息来感知世界类似，机器也需要模拟人类联觉来提升认知水平。相比单一视角而言，多视角数据能够更充分地体现物体或事物不同层面的信息，是对物体更充分的描述或表征，因此有望突破传统基于单一视角数据的机器认知瓶颈。正如图3.18所示的盲人摸象即是多视角信息融合技术价值的充分体现：每一个盲人可以视为一种视角信息，显然每一个盲人所感知到的信息都

是片面的，当融合多个盲人所感知到的信息后，有更大的概率得到对"大象"的精确识别结果。

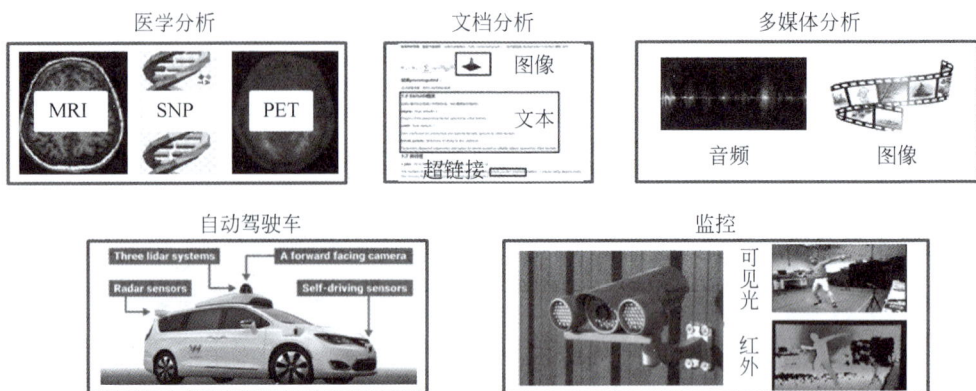

图 3.17　典型多模态数据

图 3.18　盲人摸象

事实上，多视角学习并不完全是现代技术的产物，在唐朝便已有相关应用，如唐太宗根据魏征所述所总结的"兼听则明，偏信则暗"。有一次唐太宗请教魏征："怎么样才算得上是明君和昏君？"魏征回答："明君是兼听各方意见；昏君是偏信自己宠信的人的话。以前秦二世深藏在宫中，不见大臣，只是偏信宦官赵高一人，最后天下大乱，国家灭亡了自己还蒙在鼓里。隋炀帝偏信虞世基，隋末起兵造反者已如星火燎原，天下郡县多已失守，可虞世基深知隋炀帝讨厌听到坏消息，便报喜不报忧，致使全国大乱，隋炀帝却一点实情都不知道。"

大家对可口食物常用的描述"色、香、味俱全"也是多视角应用的一种体现。相比单一视角聚类而言，多视角聚类往往能够获得更为突出的性能。所以大家在生活、工作中也应多利用多视角学习的思想，来获得事半功倍的效果。

多视角数据的一致性和互补性：鉴于多视角数据是对同一物体的不同表示，因此，如图3.19所示[①]，多视角数据的多个视角既具有一致性，也具有互补性。如所有视角都表示的是同一物体、同一物体的不同视角应具有一致的类别，这些都是一致性的体现。而不同的视角体现的是同一物体不同层次的信息，如食物的色、香、味，即对食物三种互补的描述体现。

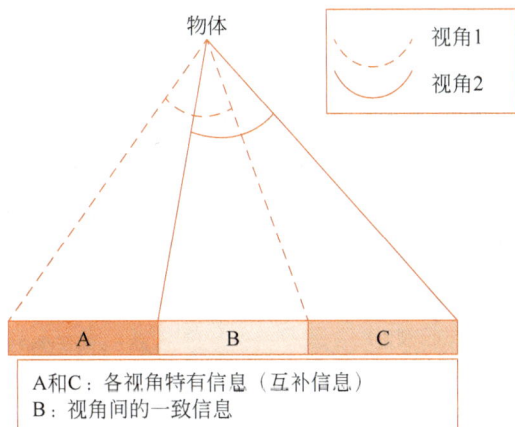

图 3.19 多视角数据的特性

与单一视角相比，多视角数据通常含有更多样本表征信息，从而能够获得比单视角更好的聚类效果。对于多视角聚类而言，如何有效地利用多个视角间的互补信息和一致信息来得到更好的聚类效果是其最关心的问题之一。近年来，多视角聚类的研究取得了快速发展，从方法原理的角度，可将多视角聚类方法广义地划分为基于协同训练的多视角聚类方法、基于多核学习的多视角聚类方法、基于图学习的多视角聚类方法、多任务多视角聚类方法和多视角子空间聚类方法。

---

① 文杰.图嵌入聚类模型研究[D].哈尔滨：哈尔滨工业大学，2019.

3.3.1 基于协同训练的多视角聚类

该方法利用不同视角的先验信息或所学习到的知识来交互地指导其他视角的训练。典型的基于协同训练的多视角聚类模型如图 3.20 所示,该方法通过视角间交互式的协同训练,使得所有视角的模型在训练过程中能够相互促进,最终得到所有视角一致的结果。多视角最大期望(Expectation-Maximization,EM)算法和基于混合模型的协同最大期望多视角算法是较为典型的协同式多视角方法,在文档聚类任务上,这两种方法都能够获得远优于单视角聚类的结果。Kumar 等也提出了一种协同训练的谱聚类算法,在两个视角上,该算法交互地利用两个视角的拉普拉斯特征向量来更新两个视角的拉普拉斯矩阵,进而反过来利用两个视角更新后的拉普拉斯矩阵来学习最新的特征向量,通过交叉迭代更新最终得到具有近似一致信息的低维表征。该方法的其中一个缺陷是无法得到视角间一致的低维表征,具体来说,该方法最终得到两个不同的聚类指示矩阵,而使用哪个视角的指示矩阵进行聚类是个开放性的问题;此外,该模型中两个视角的协同训练过程相互独立,使其无法得到全局最优解。协同正则化谱聚类方法提出了一种更加简便和直观的协同训练模型,该模型引入聚类指示矩阵的差异性约束来得到各视角一致的聚类指示矩阵。此外,协同正则化的思想还被引入概率潜在语义模型,用于确保同一样本的不同视角在语义主题空间中仍然具有一样的相似性。

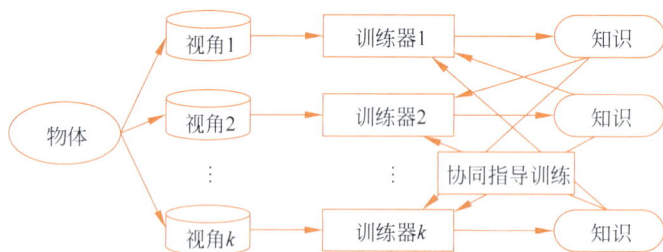

图 3.20　典型的基于协同训练的多视角聚类模型

3.3.2 基于多核学习的多视角聚类

该方法的一般框架模型如图 3.21 所示。该方法首先对每个视角预定义一个核(也称为核矩阵),然后利用线性或非线性的方法从这些核中学习一个统一的核,最后在该统一的核上进行聚类。例如,基于最小化视角不一致性的思想,一种自适应核学习的方法首先根据多视角数据的特性构建一个具有多成分的核，然后在此基础上学习视角间一致的核。对于该方法而言，如何针对每个视角找到最能体现其内在关系的核以及采用什么方法来从这些核中寻找到视角间一致的类标或低维表征是最关键的研究问题之一。

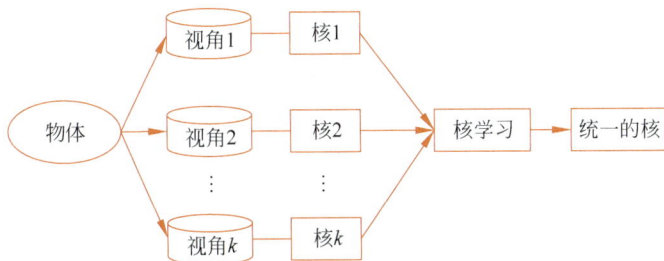

图 3.21　基于多核学习的多视角聚类的一般框架模型

3.3.3　基于图学习的多视角聚类

该方法主要从各个视角间构建的无向图来学习视角间一致的无向图，该方法的一般框架模型如图 3.22 所示。基于低秩张量约束的多视图学习方法是一种典型的基于无向图学习的多视角聚类方法，该方法首先通过在低秩表示模型中引入基于张量的联合低秩表征图约束来求取所有视角的表征图（将基于重构思想求取的能够体现数据之间表示关系的图称为表征图），然后对这些表征图进行简单的累加融合得到最终的无向图，最后利用谱聚类图分割算法得到最终的聚类结果。考虑到多视角间信息的多样性，基于视角诱导的多视图学习方法通过引入希尔伯特-施密特独立准则（Hilbert Schmidt Independence Criterion，HSIC）来深入地挖掘多视角数据的互补性，以此得到每个视角更优的表征图。对于大多数图融合方法而言，其图融合策略和多视角无向图的构建相互独立，导致这些算法对多视图的初始化较为敏感。

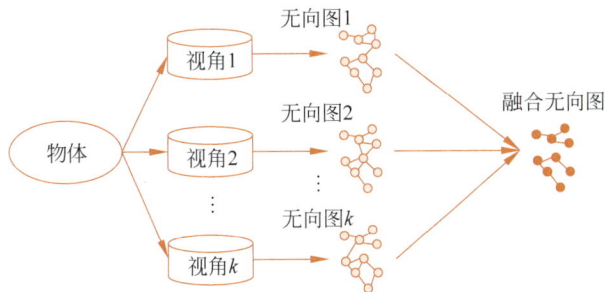

图 3.22　基于图学习的多视角聚类的一般框架模型

3.3.4 多任务多视角聚类

该方法的广义学习模型如图 3.23 所示。该方法一般对每一个视角分配一个或多个任务，并试图通过多个任务多个视角的联合学习来得到公共视角或共享特征。多任务多视角聚类方法主要有如下两个难点：如何在每个视角上准确地模拟多个聚类任务；如何有效利用多个视角和多个任务之间的联系，或者说如何迁移多个任务之间的知识来增强模型的训练。

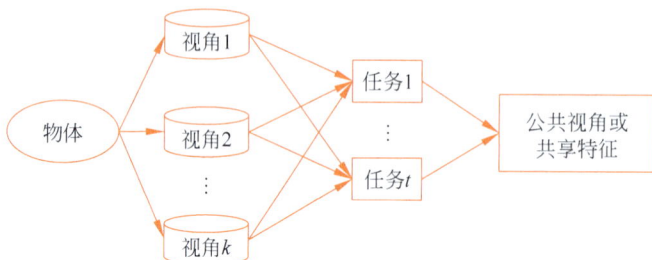

图 3.23　多任务多视角聚类的广义学习模型

3.3.5 多视角子空间聚类

该方法旨在从多视角数据中获得一个统一的低维表征矩阵，典型的多视角子空间聚类模型如图 3.24 所示。前面所介绍的协同正则化谱聚类方法实质上也可视为简单的多视角子空间聚类方法。基于矩阵分解的技术也被广泛地应用于多视角共有子空间或聚类表征矩阵的学习，例如，一种深度矩阵分解的多视角共有表征矩阵学习方法直观地将所有视角分解为一个共有聚类表征矩阵，然后利用 K-means 对该共有聚类表征矩阵进行聚类。由于该共有聚类表征是原始数据的鉴别表征，因此在共有表征上的聚类结果即是对原始数据的聚类划分。

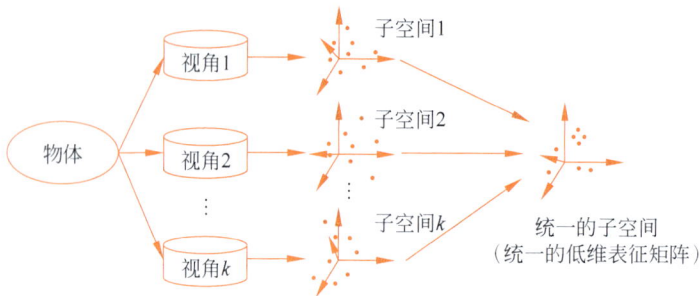

图 3.24　典型的多视角子空间聚类模型

3.4 单视角聚类 VS 多视角聚类：以图像分割任务为例

前面已对单视角聚类和多视角聚类进行了简要介绍。下面以图像分割任务为例，来对比分析单视角 K-means 聚类和多视角 K-means 聚类。

任务定义：采用 3.2.2 节单视角 K-means 聚类方法，将图 3.25 所示彩色图像中的目标（斑马）分割出来。

说明：上述任务中的"目标分割"，事实上可以简单地理解为找出图 3.25 中属于"斑马"的像素区域，因此，任务目标可以转换为一个 2 类聚类问题，即将斑马区域视为一类，将非斑马区域视为另一类；上述彩色图像一般指的是具有 R、G、B 三个通道的图像。

单视角 K-means 聚类：对于如图 3.25 所示的图像，一种最简单的单视角 K-means 聚类方案是直接对该彩色图像的灰度图像的各个像素进行聚类。具体来说，首先将该三

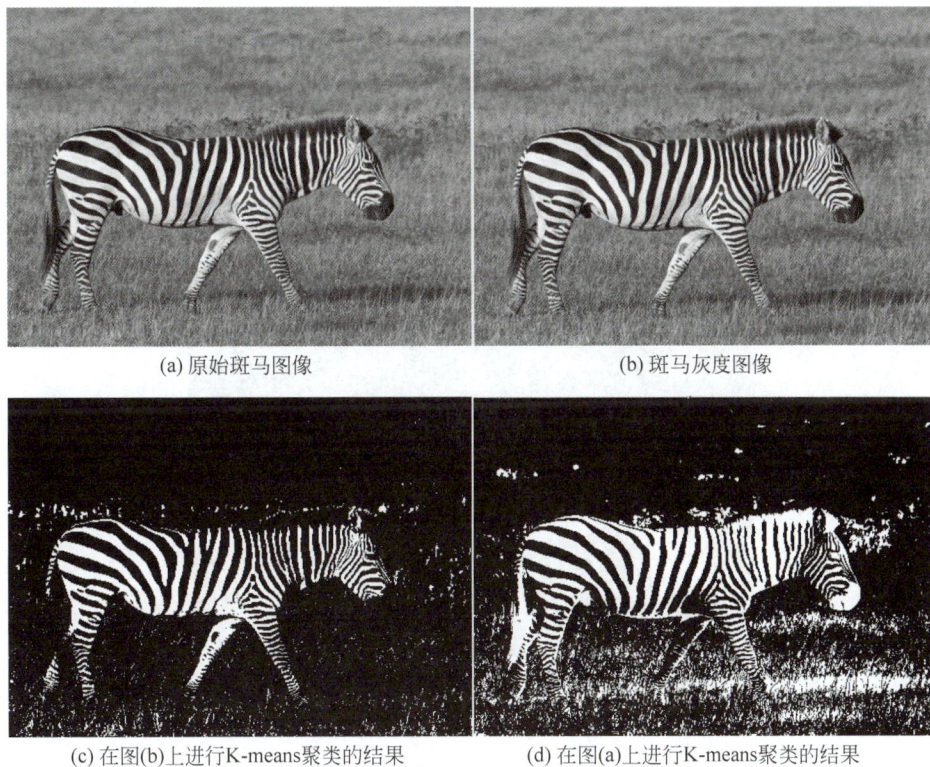

(a) 原始斑马图像　　　　　　　　　　(b) 斑马灰度图像

(c) 在图(b)上进行K-means聚类的结果　　　(d) 在图(a)上进行K-means聚类的结果

图 3.25　对斑马图像进行 K-means 聚类的结果

通道的彩色图像转换为单通道灰度图像,如图 3.25(b)所示;然后将所有像素的值作为 K-means 聚类的输入数据,K-means 的聚类个数设置为 2,可得到如图 3.25(c)所示的结果,会发现存在许多噪声。另一种简单的方案是直接对彩色图像的像素进行 K-means 聚类,对于彩色图像而言,每个像素具有 R、G、B 三个通道的像素值,因此每个像素含有 3 个特征,将 n 个含有 3 个特征的向量作为 K-means 的聚类输入,同样将聚类个数设置为 2,即可得到对这 n 个像素进行 K-means 聚类的结果,如图 3.25(d)所示。对比图 3.25 中的图(c)和图(d),可以发现,在特征数越多的情况下,"斑马"区域识别得更精准,如"马嘴"的位置,明显图(d)更清晰;但是也随之引入了更多"分割噪声"。

多视角 K-means 聚类:对于图 3.25(a)所示的彩色斑马图像,首先提取其"多视角"的特征,主要包括 48 个卷积核(用于提取图像的 48 种卷积特征)以及 LAB 色彩空间的 A、B 两个通道像素特征。本任务中的多视角 K-means 聚类采用一种简单的方案,即将上述 48 种卷积特征和 A、B 两个通道像素特征堆叠组合为一个含有 50 个视角特征的数据,其中每个像素由一个维度为 50 的特征向量组成,用 K-means 对图像中的所有像素进行聚类,即可得到最简单的基于多视角图像特征的 K-means 聚类分割结果,对图 3.25(a)所示的斑马图像的分割结果如图 3.26 所示。对比前面基于单视角特征的 K-means 聚类结果而言,基于多视角特征的 K-means 聚类得到了更完整、清晰的斑马区域分割结果,而且相比之下,噪声像素更少。这也体现了前文所述"兼听则明",即融合多个视角层次的特征,会得到更加鲁棒和精确的图像聚类分割结果。

图 3.26 对图 3.25(a)所示的斑马图像的分割结果

3.5 本章小结

聚类是模式识别领域最具代表性的无监督学习方法之一，是数据探索和知识发现的工具之一。聚类主要的目标或任务是将数据对象分配到相似性或连接性较强的多个组或簇中。正如众所周知的"物以类聚，人以群分"，聚类实际上来源于生活，其研究和发展也受生活所需而驱动，在市场分析、社交网络分析、生物信息学、医疗健康、医学图像分割、卫星图像分析、文本分析、推荐系统、异常检测、金融分析等诸多场景均具有广泛的应用。例如，在市场分析领域，一家零售公司可以根据客户的购买行为数据，将客户分为高消费群体、中等消费群体和低消费群体，进而制定不同的营销策略。淘宝、京东等购物网站也可以根据用户的消费记录和浏览习惯，将消费者进行类别划分，进而提供更精准的推荐服务。在影视分析中，可以根据影视介绍、影视内容将影视划分为不同的类别。银行也可以使用聚类算法，根据用户交易数据与行为，识别出异常的交易行为，从而防范信用卡欺诈等。

本章首先以《战国策·齐策三》关于"物以类聚，人以群分"的历史典故以及生活中动物类别划分的形象示例介绍了聚类的概念；然后，根据应用中实际处理的数据视角数目的不同，分别详细探讨了单视角聚类的代表性方法和面向多源数据的多视角聚类方法。其中在单视角聚类中，本章首先以"从短到长、一步一步循序渐进的最小成本铺路法"介绍了聚类代表性方法——层次聚类法；然后以"快递站点选址"这一应用问题为例介绍和分析了 K means 和 K-medoids 两种划分式聚类方法；最后还从相似性度量标准的角度介绍了基于密度的聚类和基于图学习的谱聚类方法。

多源的多视角数据是当代乃至未来生活中数据的主要形式，通过综合来自不同视角（源域）的数据信息，能够帮助我们更全面地理解事物本质。耳熟能详的"兼听则明，偏信则暗"、察言观色、"横看成岭侧成峰，远近高低各不同"等均体现了多视角学习的重要价值，在聚类领域亦如是。本章还简要介绍了多视角和多模态之间的差异和关系，可以说多模态数据是多视角数据的重要组成。基于多视角聚类所采用基础模型和解决方案的区别，本章分别探讨了基于协同训练的多视角聚类方法、基于多核学习的多视角聚类方法、基于图学习的多视角聚类方法、多任务多视角聚类方法和多视角子空间聚类方法。最后还以经典的"图像分割"任务为例，对单视角聚类和多视角聚类进行了直观对比。相较于单一视角的聚类分析，多视角聚类融合多个视角的信息，能够提高聚类的准确性和鲁棒性。

第4章

时序数据的模式分析与隐马尔可夫模型

　　这一章,我们来讲讲时序数据相关的模式识别问题。如果你稍微接触过自然语言处理的相关知识,对时间序列数据一定有所了解。时间序列数据简称时序数据。隐马尔可夫模型(Hidden Markov Model,HMM)是一个时序数据建模的利器,基于其进行时序数据的模式分析,可以构建诸如语音识别、手势识别或唇语翻译等模式识别应用系统。

　　所谓时序数据,顾名思义就是指获取的数据具有时间先后顺序,比如,语音翻译任务中,接收到的不同音素的时间先后顺序不可修改;实时的语音翻译应用中,也需要将具有时间顺序的音素转换为具有同样时间顺序的文字。其实,通俗地来说,我们可将隐马尔可夫模型理解为一个"翻译"模型,其将出现在具体时间点的所谓的"可见状态"转换为"隐状态"。例如,在语音翻译任务中,可以直接感知的音素即"可见状态",而相对应的文字即"隐状态"。再比如,在关于天气为晴天、阴天或雨天的预测中,可直接观测的气象条件(温度、湿度、大气压、风向风速)为"可见状态",而相对应的天气类别即"隐状态"。

　　隐马尔可夫模型本质上也是一个统计学意义上的模型。举例来说,在中文语音翻译任务中,大家熟知的同音字现象告诉我们,同一个音素对应的文字可能有多个;一个音素到底应该翻译为哪个字直接与二者之间的条件概率相关,也与该音素对应的音素时间序列及作为翻译结果的相应文字序列二者之间的条件概率相关。

　　时序数据(含可见状态时序数据与隐状态时序数据)的向量化表达是隐马尔可夫模型中数据表达的基本特点,而可见状态与隐状态二者之间的转换概率以及不同隐状态之间的"转移概率"是其统计学基础。可以说,知晓如上两点,即把握了隐马尔可夫模型的本质。

　　由于隐马尔可夫模型主要用于处理时序数据,我们通常使用一个特征向量序列来描述样本。也就是说,我们用一个特征向量序列来表示信号的特征,通常用 v_1 到 v_T 表示,

其中 T 表示我们共有 T 个观测值,即

$$V^T = \boldsymbol{v}_1, \boldsymbol{v}_2, \cdots, \boldsymbol{v}_T$$

对于每一个观测样本 V 而言,其 T 个观测值构成了一个序列,从 $\boldsymbol{v}_1$ 到 $\boldsymbol{v}_T$,需要注意的是,它们的顺序是不能变的,否则意思就会变得不一样,也就是说,改变顺序会让其变成另外一个不同的样本。所以,不仅每一个观测值很重要,观测值的顺序也非常重要,即整个序列 V^T 都是非常重要的。这就跟我们之前遇到的样本集不大一样了,在其他模型中的所有样本,可以看成一个集合,而它们之间的顺序是无关紧要的。但在这里,我们需要一个向量序列,它们的顺序是有关系的,并且每一个观测值都可以对应一个特征向量。这种顺序关系是隐马尔可夫模型的核心,这个概念贯穿了本章。

那么现在,我们已经了解了隐马尔可夫模型处理的问题类型和特点。如果你此时还没有完全理解也没有关系,接下来我们会对这些内容进行更加深入的讲解。

4.1　什么是时序数据

时序数据的概念我们前面说了,再简单一点来理解,就是随时间而变化的数据。每一份时序数据都像是日历上的一笔记录,详细记载着某个特定时间点发生的事情。比如,每天记录的最高气温就形成了一个时间序列,通过这个序列,我们能够观测到天气随季节变化的规律。

这类数据的一大特征是它们的时间依赖性。这意味着,不同时间点的数据之间存在着某种联系,后一个时间点的数据可能会受到前一个时间点数据的影响。以股票市场为例,今天的股价往往会受到昨天股价变动的影响,这种从过去到现在的关联性是时序数据分析的关键所在。时序数据还展现出趋势性和季节性。趋势性反映了数据随时间推移的长期变化方向,如房价逐年上升的趋势。而季节性则指数据在固定的时间周期内出现的规律性波动,例如零售业在节假日前后的销售额增加。然而,即使有了趋势性和季节性的指导,时序数据的预测仍然充满挑战,原因在于数据的随机性。这种随机性意味着即使我们掌握了所有规律,仍然会有一些数据变化是无法预测的。例如,虽然我们可以根据往年数据预测出冬季会更冷,但具体某天是否下雪则难以确定。

生活中充满了时序数据的例子,从我们每天查看的天气预报,到银行账户余额的变化,再到社交媒体上的活动记录,都反映了时序数据在我们日常生活中的无处不在。天气预报通过分析历史天气数据来预测未来几天的天气情况;我们的银行账户余额随着时间的推

移记录了收入和支出的变化；社交媒体上的活动记录，如每日的点赞数和评论数，也形成了时间序列，帮助我们理解人们的互动模式。生活中的时序数据如图 4.1 所示。当然，除了生活例子之外，时序数据也深入到了我们与机器交互的方式，特别是在自然语言处理和语音识别等高科技领域。

图 4.1　生活中的时序数据

在自然语言处理（NLP）领域，时序数据的应用非常之多。每当我们与智能助手对话，或是使用翻译软件将一种语言转换成另一种语言时，背后都有复杂的时序模型在工作。这些模型分析我们语言中的词序和句子结构，理解上下文，以产生连贯且符合逻辑的回答或翻译。语言本身就是一种典型的时序数据，因为每个词和句子的意义往往依赖它们出现的顺序。例如，一个简单的句子"我喜欢吃苹果"，其意义的理解就依赖词汇"我""喜欢""吃""苹果"按照特定顺序排列。语音识别技术也是时序数据处理的一个重要应用领域。每当我们对着智能手机说话，或是通过语音命令与智能家居设备交互时，都是在利用时序模型将我们的语音波形转换成可识别的文字。在这个过程中，模型需要处理连续的语音信号，识别出语音的各个部分，包括单词和句子的边界，以及语调的变化，这些都是随时间变化的时序数据。

此外，时序数据在现代社会的许多其他领域也发挥着重要作用。在医疗健康领域，连续监测患者的心率、血压等生命体征可以帮助医生及时发现健康问题。在金融领域，分析股票市场和货币汇率的时间序列数据有助于投资者作出更加明智的投资决策。在工业生产中,监测机器设备的运行数据有助于预测设备故障,实现预防性维护。所有这些例子都说明了时序数据在我们的生活和社会运作中扮演着不可或缺的角色。通过利用时序模型处理这些数据,我们不仅能够理解过去和现在,还能预测未来的发展趋势,为决策提供支持。时序模型的应用覆盖了从日常生活到高科技领域的广泛范围,它们帮助我们解析时间的秘密,优化我们与世界的互动方式。

　　面对这些丰富的时序数据,研究者们开发了多种模型来分析和预测它们的变化。从最简单的自回归模型,它通过考虑过去几个时间点的数据来预测未来;到更复杂的自回归移动平均模型,它不仅考虑了过去的数据,还考虑了过去预测误差的影响;再到长短期记忆网络这样的深度学习模型,它能够捕捉长期数据中的复杂模式。这些都是我们试图从时序数据中发现信息、预测未来的工具。时序建模的方法众多,每种方法都有其独特的优势和应用场景。但在这些众星捧月的模型中,有一位特别的主角即将登场,它就是隐马尔可夫模型(HMM)。

　　隐马尔可夫模型是一种特别适合处理时序数据的强大工具,它在处理数据中时间序列信息的同时,还能考虑到数据生成过程中可能存在的不确定性和隐含状态。这使得隐马尔可夫模型在许多领域中都有广泛的应用,从语音识别到生物信息学,从金融市场分析到自然语言处理,隐马尔可夫模型的应用几乎遍布每一个需要深入理解时序数据的领域。现在,让我们深入了解隐马尔可夫模型,探讨其原理及其在时序数据建模中的优势。

4.2　马尔可夫性和一阶马尔可夫模型

　　在深入探讨隐马尔可夫模型之前,我们首先需要了解一个关键的概念——马尔可夫性。这个概念是以俄罗斯数学家安德烈·马尔可夫(Andrey Markov)的名字命名的,他在20世纪初的工作为我们今天理解和应用的各种复杂时序模型奠定了基础。

　　安德烈·马尔可夫是一位在概率论领域作出了重要贡献的数学家。他最著名的成就之一是发展了马尔可夫链的理论。简单地说,马尔可夫链是一种数学模型,它用于描述一个系统从一个状态转移到另一个状态的过程。而马尔可夫性的核心在于,系统的下一个状态仅依赖当前状态,而与之前的历史状态无关。这种"无记忆"的特性使得马尔可夫模型在处理和分析时序数据时显得格外有力。

　　马尔可夫性如果用数学式表示就是:

$$X(t+1) = f(X(t))$$

也就是说，第 $t+1$ 时刻的状态 $X(t+1)$ 的值仅跟第 t 时刻的状态 $X(t)$ 有关，与之前的状态无关。

下面，我们举个简单的骰子游戏来看看什么是马尔可夫性(图 4.2)。在这个游戏中，你每次掷一枚六面的骰子，并根据骰子的点数来决定你要如何进行移动。你从游戏板的起点开始，然后根据骰子的点数向前移动相应的步数。我们假设此时你在距离终点还有 5 步的位置，并掷得一个 6。

图 4.2　骰子游戏中的马尔可夫性

现在，让我们来看看什么样的游戏规则是符合马尔可夫性定义的。

- 马尔可夫性成立：如果你当前在游戏板上的某个位置，你下一步要走多远只取决于当前的位置和骰子的点数。比如现在你的状况，距离终点距离为 5 并掷得一个 6，那么你下一步就会到达终点，游戏规则并不关心你之前是如何移动的。

- 马尔可夫性不成立：如果游戏规则是你的下一步要根据之前的若干次骰子点数的平均值来决定，那么就不再满足马尔可夫性。比如，你要走的步数等于当前掷得的点数和再前一步的掷得点数(假如是 2)的平均；那么你只能向前走 4 步，并不能到达终点。在这种情况下，你的下一步不仅依赖当前状态和当前的骰子点数，还依赖过去的骰子点数，因此不再满足马尔可夫性。

可以看到，只有当一个系统的未来状态仅依赖当前状态，而不受过去状态的影响时，我们可以说这个系统具有马尔可夫性。

我们还可以用一个简化的天气系统来解释这个概念(图 4.3)。

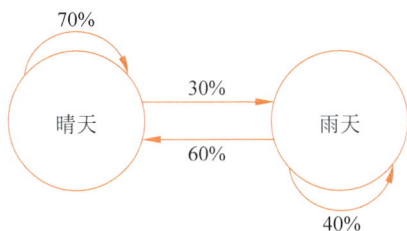

图 4.3　天气状态的马尔可夫性

假设我们认为天气的状态只有两种可能：晴天和雨天。我们还可以假设天气每天都会发生变化,但明天的天气仅取决于今天的天气,跟再之前的天气无关。这就是马尔可夫性的例子。再具体一点来说,如果今天是晴天,那么明天下雨的概率是 30%,明天仍然是晴天的概率是 70%。如果今天是雨天,那么明天下雨的概率是 40%,明天晴天的概率是 60%。这个模型满足马尔可夫性,因为明天的天气状态只依赖今天的状态,而不依赖过去的天气状态。

如果今天是晴天,那么我们可以根据上面的转移概率判断明天有可能是什么天气。显然,明天有 70% 的可能性仍是晴天,有 30% 的可能性是雨天。因此我们发现,这些转移概率描述了天气系统中状态之间的相互转移,我们可以用一个状态转移概率矩阵来表示它：

$$
\begin{array}{c}
\ \ 晴天\ \ 雨天 \\
\begin{matrix} 晴天 \\ 雨天 \end{matrix}
\begin{bmatrix} 0.7 & 0.3 \\ 0.6 & 0.4 \end{bmatrix}
\end{array}
$$

需要注意的是,从某个状态转出的所有概率之和一定是 1。例如,今天是晴天,那么明天必定是晴天或下雨其中的一个状态,因此它们的转出概率之和是 1。如果有更多的状态也是类似的情况。当然,转入的概率并不需要满足这个条件。

这个例子说明了马尔可夫性在建立简化模型时的有用性,因为它允许你在不考虑过去的复杂历史数据的情况下,仍然能够进行有意义的预测。然而,需要注意的是,这只是一个简化的例子,现实中的天气模型可能需要考虑更多的因素和更复杂的数据来提高准确性。

当然,除了上述的转移概率矩阵,我们发现这个马尔可夫模型当中还缺乏一个初始状态。这使得我们的系统很难从头开始运行起来。纵然天气系统好像没有一个所谓的初始状态存在，不过，这个问题其实很好解决，我们可以给天气系统里的状态设置一个初始概率，也就是我们假设在刚开始的时候，天气系统会随机地出现晴天或者雨天中的任何一个天气。又或者，我们可以将一段时间内晴天和雨天的出现概率统计出来，作为这个天气系统的开局。现在，这个初始数据可以用一个向量来表示，比如，最开始出现晴天的概率是 50％，雨天的概率也是 50％，这个马尔可夫模型的初始向量即（0.5，0.5）。这样，结合我们的转移概率矩阵，就可以让这个一阶马尔可夫模型运转起来了。

总结一下，一个简单的一阶有限状态的马尔可夫模型，可以用两个参数来描述：初始状态概率向量和状态转移概率矩阵。这两个参数分别表示了系统在初始时刻的状态概率分布以及不同状态之间的转移概率。

初始状态概率向量（π）：这是一个包含 M 个元素的概率向量，其中 M 是状态的数量。向量中的每个元素都表示一个特定状态在初始时刻的概率。例如，对于天气系统，向量π 可能包含晴天、阴天和雨天在某一天出现的随机概率。

$$\pi = (\pi_1, \pi_2, \cdots, \pi_M)$$

状态转移概率矩阵（A）：这是一个 $M \times M$ 的矩阵，其中每个元素 a_{ij} 表示从状态 i 转移到状态 j 的概率。矩阵中的行表示当前状态，而列表示下一个时刻的状态。在我们的天气系统示例中，矩阵 A 的元素就代表晴天和雨天之间的转移概率。

$$A = \begin{bmatrix} a_{11} & a_{12} & \cdots & a_{1M} \\ a_{21} & a_{22} & \cdots & a_{2M} \\ \vdots & \vdots & \ddots & \vdots \\ a_{M1} & a_{M2} & \cdots & a_{MM} \end{bmatrix}$$

基于这些参数，我们可以使用一阶离散型有限状态马尔可夫模型来描述和分析不同状态之间的转移过程。这就是模型的一阶特性，任何时刻的状态仅取决于前一时刻的状态，而与更早的历史状态无关。

通过本节的讲解，你应该能够理解什么是马尔可夫性和一阶马尔可夫模型了。进一步深入，我们需要强调的是，所谓的"模型"，实际上是指一个由参数定义的系统，这个系统包括初始状态和状态之间的转移概率等。基于这些参数，模型能够独立运行，生成时序数据。换句话说，如果我们有一个模型，就可以用它来模拟或预测未来的状态序列。同时，如果我们手头有实际的时序数据，也可以利用这些数据反过来推断模型的各种参数。这种从数据到模型参数的推断过程，是通过概率计算来实现的。在这里，"模型"代表了我们对某个系统内部运转规律的抽象和数学化表达。而"数据"则代表了我们对这个系统外部的观测和记录。数据是模型与现实世界接触的桥梁，通过分析数据，我们能够揭示模型的内在特性和规律。这个概念在本章的讨论中至关重要。通过理解模型和数据的关系，我们不仅能够更好地掌握马尔可夫模型和隐马尔可夫模型的理论基础，还能够应用这些理论来解决实际问题。接下来，让我们来学习一个更加复杂的模型——隐马尔可夫模型。

4.3　状态未知怎么办——隐马尔可夫模型

现实中的系统往往比我们想象中的更加复杂。在马尔可夫模型中，系统的状态是可以观测到的，而在实际应用中，系统的状态常常是未知的，我们往往只能通过观测某个状态产生的现象（也就是观测序列），来推测系统本身是如何运行的。这时候用到的，就是隐马尔可夫模型。隐马尔可夫模型一个常见的应用领域是语音识别。例如，假设你想说的是"福（fú）建人"，但因为发音的原因，你说成了"hú jiàn rén"。这里的"hú jiàn rén"就是观测序列，而你原本想表达的意思，即"福建人"则是隐含状态（即真实的状态序列）。但是我们并不能直接看到这个隐含的状态序列，只能通过观测序列来推断语音的本来含义。

接下来，让我们再详细地讲讲隐马尔可夫模型的具体描述。在马尔可夫模型中，系统的状态是可以观测到的。比如，以本地连续一周的天气作为想要研究的状态序列，想要知道每天的天气非常容易，因为你一抬头就能看到。也就是说，我们可以很容易地知道该马尔可夫模型的状态序列。但是假如我们想要研究的状态序列不是本地一周的天气，而是外地一周的天气，我们就无法直接观测到这个序列每天的状态，也就是说我们不能直接观测到这个马尔可夫模型中的状态序列，状态序列本身对我们而言是未知的。

然而，别担心，我们也不是对外地的天气一无所知，而是可以观测到与天气状态相关的一些其他状态，比如外地的户外活动人数，外地的温度、湿度等。这时候马尔可夫模型就变成了隐马尔可夫模型，所谓的"隐"，就是指我们想要研究的状态序列中的状态是"隐藏"起来的，我们需要通过一些别的，可以观测到的现象来推断序列本身的状态。在隐马尔可夫模型中，这些可以观测到的现象被称为观测值，由观测值构成的序列称为观测序列。

让我们再具体一点，假设现在我们关注的天气系统不再是本地的，而是外地的（不如我们就叫它城市 X）。你没有看过城市 X 的天气预报，所以你不知道城市 X 的天气如何。对你来说，城市 X 的天气就像是一个隐藏的状态。然而，你有一个好朋友住在城市 X，他不仅每天都会根据天气情况来选择不同的活动，还非常喜欢发朋友圈，你可以通过他的朋友圈观测到他每天所做的事情。例如，当天气是晴天时，你的朋友喜欢去户外玩耍；当天气是雨天时，他喜欢待在家里；当天气是阴天时，他可能更喜欢去逛街（图 4.4）。当然，这些行动并不是绝对的，是有一定的概率的，也有可能他在雨天去逛街，只不过概率比较低。总之，对应不同的天气情况，你的朋友可能会作出不同的行动。通过他的朋友圈，你可以观测到这些行动，并根据朋友的行动来猜测天气的情况。

图 4.4　根据天气选择是否去逛街

在我们的模型中，你的朋友在不同天气下作出的不同行动也可以用一个概率矩阵来表示。我们把这种描述观测值与隐含状态之间关系的矩阵叫作状态输出概率矩阵，例如：

$$\begin{array}{c} \quad\ \ \text{在家}\quad\text{逛街}\quad\text{户外}\quad\text{聚会} \\ \begin{array}{c} \text{晴天} \\ \text{阴天} \\ \text{雨天} \end{array} \begin{bmatrix} 0.1 & 0.3 & 0.4 & 0.2 \\ 0.5 & 0.2 & 0.1 & 0.2 \\ 0.3 & 0.2 & 0.2 & 0.3 \end{bmatrix} \end{array}$$

该矩阵的行表示隐含状态（如晴天、阴天、雨天），列表示观测值（如朋友在家、逛街、户外、聚会等）。每个元素表示在特定隐含状态下生成相应观测值的概率。比如根据上面的状态输出概率矩阵,你的朋友在阴天的时候有 50% 的概率在家待着,20% 的概率出去逛街,10% 的概率去户外玩耍,20% 的概率出去聚会。显然,跟状态转移概率矩阵类似,因为不管什么天气你的朋友总是需要选择一件事情来做,概率矩阵的每行元素之和应为 1,以保证概率分布合理性。

在这个例子中,你看到的朋友圈中你朋友的行动就是观测值,而城市 X 的天气则是隐含状态。当然,隐含状态输出的观测值可以是离散值、连续值,也可以是矢量。在现在这个例子中,我们假设它是一个离散值。于是,你朋友的行动和城市 X 的天气系统在本质上就构成了一个隐马尔可夫模型。

通过上述例子,我们发现,在隐马尔可夫模型中,我们引入了一个新的参数矩阵 $\boldsymbol{B}$,这个矩阵描述了在给定内部状态下观测值的生成概率。$\boldsymbol{B}$ 是一个 $M \times K$ 的矩阵,其中 M 是状态数量,K 是观测值的种类数量。矩阵中的元素 b_{ij} 表示在状态 i 下生成观测值 j 的概率。

$$\boldsymbol{B} = \begin{bmatrix} b_{11} & b_{12} & \cdots & b_{1K} \\ b_{21} & b_{22} & \cdots & b_{2K} \\ \vdots & \vdots & \ddots & \vdots \\ b_{M1} & b_{M2} & \cdots & b_{MK} \end{bmatrix}$$

因此,结合马尔可夫模型,在隐马尔可夫模型中,我们有三个主要的参数:初始状态概率向量 $\boldsymbol{\pi}$、状态转移概率矩阵 $\boldsymbol{A}$ 以及状态输出概率矩阵 $\boldsymbol{B}$(图 4.5)。

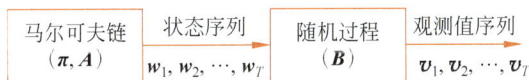

图 4.5　隐马尔可夫模型组成示意图

在实际应用中,隐马尔可夫模型被广泛用于解决一些重要的问题,如计算观测序列的概率、预测未来的状态以及寻找最可能的内部状态序列。例如,隐马尔可夫模型的一个重要应用就是,在给定观测序列和模型参数(初始状态概率向量、状态转移概率矩阵、状态输出概率矩阵)的情况下,推测隐含状态序列。比如我们一开始提到的语音识别,就是通过观测序列推测隐含序列的例子。换句话说,隐马尔可夫模型试图通过一组概率分布来揭示观测序列背后的隐含状态。

总结一下,隐马尔可夫模型是一个双重随机过程,它由两部分组成:一部分是马可夫链,用来描述状态之间的转移,由此可以产生一系列的状态序列;另一部分是一般的随机过程,描述每个状态会产生一个相应的观测值,状态序列就会产生相应的观测序列。这两部分分别用状态转移概率和状态输出概率来描述。

整个隐马尔可夫模型的参数包含了三个量:初始状态概率$\boldsymbol{\pi}$、状态转移概率矩阵$\boldsymbol{A}$和状态输出概率矩阵$\boldsymbol{B}$。在我们的例子中,有三种天气,即三个状态;你的朋友有四种可能的活动,即四个观测值。所以,初始概率是一个包含三个元素的向量,表示第一个时刻处于某个状态的概率;状态转移概率矩阵$\boldsymbol{A}$是一个3乘3的方阵,表示从一个状态转移到另一个状态的概率;状态输出概率矩阵$\boldsymbol{B}$是一个3乘4的矩阵,表示每个隐含状态对应观测值的概率。一个完整的隐马尔可夫模型的参数表示如下:

$$\theta = (\boldsymbol{\pi}, \boldsymbol{A}, \boldsymbol{B})$$

假设有M个状态,K个可能的输出值。

初始状态概率:$\boldsymbol{\pi}$,包括M个元素。

$$\boldsymbol{\pi} = (\pi_1, \pi_2, \cdots, \pi_M)^T$$

π_i为第一个时刻处于状态w_i的概率。

状态转移概率矩阵:$\boldsymbol{A}$,为$M \times M$的方阵。

$$\boldsymbol{A} = (a_{ij})_{M \times M}, \quad a_{ij} = P(w(t) = w_j \mid w(t-1) = w_i)$$

状态输出概率矩阵:$\boldsymbol{B}$,为$M \times K$的矩阵。

$$\boldsymbol{B} = (b_{ij})_{M \times K}, \quad b_{ij} = P(\boldsymbol{v}_j \mid w_i)$$

现在,你知道了什么是隐马尔可夫模型,我们将在后面来详细讲讲它在实际应用中能够解决的问题。但是在这之前,我们还要强调一下隐马尔可夫模型的基本假设。在应用隐马尔可夫模型之前,我们应该确保实际问题与这些假设尽可能贴近,以使隐马尔可夫模型在实际问题中取得较好的效果。

隐马尔可夫模型的基本假设如下。

(1)马尔可夫假设:状态序列构成一阶马尔可夫链,即状态转移只跟它的前一个状态有关,与其他先前的状态无关。

(2)齐次假设:状态转移概率与时间无关,无论何时从一个状态转移到另一个状态,转移概率都保持不变。

(3)输出独立性假设:观测值仅与当前状态有关,与其他状态和观测值无关。

4.4　隐马尔可夫模型的应用——三个核心问题

那么在实际应用当中,我们通常会用隐马尔可夫模型来解决三个核心问题,即估值问题(有的书也称为识别问题、似然度问题)、解码问题和学习问题。虽然所有的书都会这么说,但是很多读者还是难以理解这三个问题到底是什么关系。事实上,这个三个核心问题我们也可以看作两类问题。

- 第一类问题是,当我们有了一个隐马尔可夫模型,也就是说,这个隐马尔可夫模型的所有参数 θ 都已知的时候,我们能用这个隐马尔可夫模型来干什么。
- 第二类问题是,如果我们不知道这个隐马尔可夫模型,也就是说它的所有参数 θ 是未知的,我们怎么通过由这个模型产生的一系列时序数据来把这些参数 θ 推断出来。

第一类问题可以看作一个预测问题,所谓的估值问题和解码问题都属于第一类问题。已知模型和观测序列,我们想要通过模型来预测跟这个观测序列相关的一些信息。

(1)**估值问题要预测的是这个观测序列可能出现的概率**。在估值问题中,已知隐马尔可夫模型的参数(初始状态概率、状态转移概率矩阵、状态输出概率矩阵)以及某个特定的观测序列,目标是计算模型输出该观测序列的概率。换句话说,我们想知道在给定模型参数的情况下,观测到这个特定序列的可能性有多大。为了解决这个问题,我们可以使用前向算法。一般来说,估值问题本身不作为一个完整的问题,而是某些问题中的一部分。比如,在自然语言处理中,观测序列是文本中的单词或字符,隐藏状态序列表示每个单词或字符的词性或实体类别。估值问题用于确定给定文本的特定词性或实体标注序列的概率,有助于提高文本分析的准确性。

(2)**解码问题要预测的是最有可能产生这个观测序列的隐藏状态序列**。在解码问题中,已知隐马尔可夫模型的参数(初始状态概率、状态转移概率矩阵、状态输出概率矩阵)以及某个特定的观测序列,目标是找到最有可能产生观测序列的隐藏状态序列。也就是说,我们希望找到在给定模型参数的情况下,产生这个观测序列的最可能的隐藏状态序列。例如语音识别就是一个典型的解码问题:在语音识别中,系统需要将用户的语音信号转换为文本。这里,观测序列是从麦克风获取的声音信号(例如:音素或声学特征),隐藏状态是潜在的文本序列(例如:单词或字母)。给定一个观测序列,解码问题就是要找到最有可能产生这个观测序列的文本序列。使用隐马尔可夫模型和维特比算法,可以找到这样一个最有可能的文本序列。

再次强调,估值问题和解码问题在已知条件方面是相同的。在两个问题中,都已知隐马尔可夫模型的参数以及观测序列,只是它们要解决的问题不同。估值问题关注的是计算特定观测序列的概率,而解码问题关注的是找到产生这个观测序列的最可能的隐藏状态序列。

第二类问题就是学习问题,也是隐马尔可夫模型的一个核心问题。

(3)学习问题的目的是基于一系列观测序列,估计出模型的参数,即状态转移概率矩阵 A 和状态输出概率矩阵 B,以及初始状态概率π。在这个问题中,我们已知很多观测序列,但是隐马尔可夫模型的参数是未知的。我们需要通过学习来获取这些参数,也就是推断出最有可能产生这些观测序列的模型是什么样的。通常使用 Baum-Welch 算法或期望最大化算法来估计隐马尔可夫模型的参数,来解决我们讲的学习问题。

例:让我们通过中文分词来理解隐马尔可夫模型的三个问题。

中文分词的任务是把连续的汉语句子分割成一个个单独的词语。这个过程中,我们需要识别句子中每个字的角色,即它是词语的开始(b)、中间(m)、结束(e)还是独立成词(s)。

考虑句子"我非常喜欢模式识别这门课程",我们的目标是找到一个最优的切词方式。具体来说,基于"bems"序列的输出,我们期望得到的分词结果是"我/非常/喜欢/模式识别/这/门/课程",对应的状态序列为"sbebebmmessbe"。在这个场景中,虽然我们能直接看到汉字序列,但每个字在词中的具体位置(隐藏状态)需要通过它们的排列来推断,这正是隐马尔可夫模型擅长的。

在隐马尔可夫模型框架中,处理这个问题涉及以下五个核心要素。

(1)观测序列(O):"我非常喜欢模式识别这门课程"中的每个字。

(2)状态序列(S):我们希望推断出的,即"sbebebmmessbe",表示每个字作为词语的起始、中间、结束或独立成词的标识。

(3)初始状态概率(π):句子首字属于 b、e、m、s 四种状态的概率。

(4)状态转移概率矩阵(A):描述了给定前一个字状态时,下一个字转移到各状态的概率。

(5)状态输出概率矩阵(B):在特定状态下,观测到每个字的概率。

可以看到,这个隐马尔可夫模型实际上是我们中文语言模型的一个参数化表示。现在,回到我们提到的 3 个问题。

- 估值问题：已知模型参数($\boldsymbol{\pi}$、$\boldsymbol{A}$、$\boldsymbol{B}$)和观测序列(O)的情况下，计算给定模型下观测序列(O)出现的概率。

- 解码问题：已知模型参数($\boldsymbol{\pi}$、$\boldsymbol{A}$、$\boldsymbol{B}$)和观测序列(O)的情况下，求解最可能的状态序列(S)。在我们的中文分词例子中，即通过给定的句子"我非常喜欢模式识别这门课程"和相应的隐马尔可夫模型参数，找到对应的"sbebebmmessbe"状态序列。

- 学习问题：已知观测序列(O)的情况下，如何优化模型参数($\boldsymbol{\pi}$、$\boldsymbol{A}$、$\boldsymbol{B}$)，使得模型生成观测序列的概率最大。当然，学习问题将会包含一系列的观测序列，而不是仅仅一条。也就是说，我们可以通过很多很多的中文句子，来学习中文语言系统的一个运行规律。

在这个中文分词的例子中，我们面对的是解码问题。我们已知句子"我非常喜欢模式识别这门课程"的观测序列(O)，并希望通过隐马尔可夫模型找到最可能的状态序列"sbebebmmessbe"，这样就能得到正确的分词结果"我/非常/喜欢/模式识别/这/门/课程"了。

理解了隐马尔可夫模型的三个核心问题是什么，下面我们一个一个来举例说明这些问题要如何进行求解，当然，后面我们会使用更加简单的例子来进一步阐释。

4.4.1　估值问题

为了求解估值问题，我们来构建一个简单的隐马尔可夫模型来表示天气和是否打伞的关系(图 4.6)。假设我们在屋内，看不清楚外面具体是什么天气，但是能看清楚外面的人有没有打伞，这其实就构成了一个简单的隐马尔可夫模型。在这个模型中，有两种隐藏状态(晴天和雨天)和两种观测状态(打伞和不打伞)。

我们可以假设模型的参数已知，具体如下。

初始状态概率：$\boldsymbol{\pi} = [P(晴), P(雨)] = [0.6, 0.4]$，表示开始时是晴天的概率为 0.6，是雨天的概率为 0.4。

状态转移概率矩阵 $\boldsymbol{A} = \begin{bmatrix} a_{11} & a_{12} \\ a_{21} & a_{22} \end{bmatrix} = \begin{bmatrix} 0.7 & 0.3 \\ 0.4 & 0.6 \end{bmatrix}$，其中 $a_{11} = P(晴|晴) = 0.7$，表示昨天是晴天时今天也是晴天的概率；$a_{12} = P(雨|晴) = 0.3$，表示昨天是晴天而今天是雨天的概率；同理，a_{21} 和 a_{22} 分别表示昨天是雨天而今天是晴天的概率和昨天是雨天而今天也是雨天的概率。

图 4.6　天气(状态)和是否打伞(观测)的隐马尔可夫模型

状态输出概率矩阵 $\boldsymbol{B} = \begin{bmatrix} b_{11} & b_{12} \\ b_{21} & b_{22} \end{bmatrix} = \begin{bmatrix} 0.1 & 0.9 \\ 0.6 & 0.4 \end{bmatrix}$，其中 $b_{11} = P$(打伞 | 晴) $= 0.1$，表示晴天时打伞的概率；$b_{12} = P$(不打伞 | 晴) $= 0.9$，表示晴天时不打伞的概率；同理，b_{21} 和 b_{22} 分别表示雨天时打伞和不打伞的概率。

那么所谓的估值问题，就是给定这个模型和一个观测序列(比如"打伞、不打伞、打伞")，计算在该模型下产生这个观测序列的概率。如果你理解了隐马尔可夫模型，你就会发现这个概率是可以直接求解的。

例如，我们可以先假设，产生这个观测序列"打伞、不打伞、打伞"的隐藏序列是"晴天、雨天、晴天"，那么我们就可以按照下面的步骤计算它生成的概率。

(1) 计算初始状态概率，即第一天是晴天的概率：$\pi_1 = 0.6$。

(2) 根据状态输出概率矩阵，可得晴天打伞的概率：$b_{11} = 0.1$。

(3) 根据状态转移概率矩阵，可得晴天转变为雨天的概率：$a_{12} = 0.3$。

(4) 根据状态输出概率矩阵，可得雨天不打伞的概率：$b_{22} = 0.4$。

(5) 根据状态转移概率矩阵，可得由雨天转变为晴天的概率：$a_{21} = 0.4$。

(6) 根据状态输出概率矩阵，可得晴天打伞的概率：$b_{11} = 0.1$。

然后我们把上述所有的概率相乘，就得到了"晴天、雨天、晴天"生成"打伞、不打伞、打伞"的概率：$0.6 \times 0.1 \times 0.3 \times 0.4 \times 0.4 \times 0.1 = 0.000\,288$。

可能你会问，为什么我们能知道隐藏序列是"晴天、雨天、晴天"呢？那么你其实发现了一个关键问题，那就是我们并不知道确定的隐藏序列是什么。所以，上面的计算并没有完成,我们还需要把其他的情况也考虑进来。对于我们这个天气和是否打伞的例子,有两种天气(晴天和雨天)和三天的观测记录,所以有 $2^3 = 8$ 种可能的天气序列。我们分别计算每一个天气序列生成"打伞、不打伞、打伞"的概率,然后把这些概率相加,就得到了最后的结果。这就是所谓的暴力算法了。

当然,你可以感觉到,这种暴力算法需要大量的计算,特别是当隐藏状态的数量或者观测序列的长度增加时,所需的计算量会呈指数级增长。因此,在实际应用中,我们通常会使用更高效的算法,如前向算法(Forward Algorithm)或后向算法(Backward Algorithm),来解决这个问题。这些算法利用动态规划的思想,将中间结果存储起来以避免重复计算,从而加快计算速度。

前向算法的核心思想如下。

(1)初始化:初始化前向概率,这些概率表示在每个时间步(或观测序列中的每个位置)上,模型处于特定的隐藏状态的概率。初始化通常从初始状态开始,然后通过观测数据进行更新。

(2)递推:通过递推的方式计算每个时间步的前向概率。这是通过考虑前一个时间步的前向概率、状态转移概率和观测概率来实现的。具体地,对于每个时间步,前向概率是由前一个时间步的前向概率按照状态转移概率和观测概率加权求和得到的。

(3)终止:在观测序列的末尾,将所有前向概率相加,得到观测序列的概率。

总结一下,在隐马尔可夫模型中,估值问题是指给定一个隐马尔可夫模型和一个观测序列,计算在该模型下产生这个观测序列的概率。

具体来说,如果已知一个隐马尔可夫模型,包括一组隐藏状态(比如天气情况:晴天、雨天等)、一组观测状态(比如行为:打伞、不打伞等)、状态转移概率矩阵、状态输出概率矩阵以及初始状态概率,对于一个观测序列(比如"打伞、不打伞、打伞"),若想知道在这个模型下产生这个观测序列的概率是多少,这就是估值问题。

解决这个问题有多种算法,包括暴力算法、前向算法、后向算法等。暴力算法直观简单,但是计算量大,不适合处理大规模的问题。而前向算法和后向算法则利用了动态规划的思想,大大减少了计算量,是解决估值问题的主要工具。理解和掌握这些算法,特别是前向算法和后向算法,对于应用隐马尔可夫模型具有非常重要的意义。

4.4.2 解码问题

隐马尔可夫模型的解码问题是在已知观测序列和隐马尔可夫模型参数的情况下,找到最有可能生成这个观测序列的隐藏状态序列。像我们之前强调的那样,隐马尔可夫模型的解码问题和估值问题的已知条件是一致的,都是已知隐马尔可夫模型的三个模型参数和观测序列,只不过在估值问题中,我们求解的是这个观测序列出现的概率,而在解码问题中,我们关心的是产生这个观测序列最有可能的隐藏序列是什么。下面,让我们再讲一个简单的例子来理解它。

假设在一个小镇上,你想知道哪天有大型活动,因为这些活动会影响道路交通。这个小镇有两种类型的日子:活动日(A)和普通日(N)。但是,你无法直接观测到这些日子的类型。相反,你只能通过观测这个小镇的停车场里的车辆数量来推断。车辆数量有三个等级:低(L)、中(M)和高(H)。显然,这也是一个隐马尔可夫模型(图 4.7),隐藏状态有两个,分别是活动日和普通日,观测状态有三个,分别是车辆的数目低、中、高。

图 4.7 小镇停车的隐马尔可夫模型

我们假设已经给定了隐马尔可夫模型的所有参数,包括初始状态概率、状态转移概率矩阵和状态输出概率矩阵。现在,你已经观测到了连续 5 天的停车场车辆数量序列:L、M、H、H、M。你想找到最有可能产生这个观测序列的日子类型序列。要解决解码问题,我们可以使用一种称为维特比算法(Viterbi Algorithm)的方法。维特比算法是一种动态规划算法,用于查找最可能的隐藏状态序列。

　　维特比算法的核心思想如下。

　　(1) 初始化：在时间步 0，初始化一个表格(通常称为维特比表)，用于存储在每个时间步和每个隐藏状态下的最大概率以及导致最大概率的前一个状态。初始化通常是根据初始状态概率和观测序列的第一个观测值来计算的。

　　(2) 递推：通过递推的方式填充维特比表格。在每个时间步，对于每个隐藏状态，计算到达该状态的最大概率，并记录导致最大概率的前一个状态。这是通过考虑前一个时间步的维特比表格、状态转移概率和观测概率来实现的。

　　(3) 回溯：一旦维特比表格填充完毕，在观测序列的末尾，找到具有最大概率的隐藏状态，并通过回溯从末尾到开头找到整个最可能的隐藏状态序列。

　　如果读者有兴趣，可以跟着我们的描述来完整地计算一次最有可能产生 L、M、H、H、M 观测序列的日子序列是什么样的。为了简化描述，我们将使用以下符号表示给定的隐马尔可夫模型参数。

　　初始状态概率：$\pi(A)$ 和 $\pi(N)$。

　　状态转移概率：$A(A)$、$A(N)$、$N(A)$ 和 $N(N)$。

　　状态输出概率：$A(L)$、$A(M)$、$A(H)$、$N(L)$、$N(M)$ 和 $N(H)$。

　　下面是计算过程的简化步骤。

　　(1) 我们可以先初始化一个矩阵，该矩阵的行数等于隐藏状态数(在这个例子中是 2，即活动日和普通日)，列数等于观测序列的长度(在这个例子中是 5)。这个矩阵将用于存储计算过程中的中间结果。

　　(2) 使用给定的观测序列和初始状态概率，计算矩阵的第一列的值。填充矩阵的第一列时，我们需要结合观测序列的第一个元素(在这个例子中是 L，代表车辆数量低)和初始状态概率来计算。以下是计算第一列的值的过程。

　　对于第一行(活动日 A)：根据初始状态概率和状态输出概率，计算从活动日开始，然后观测到车辆数量低(L)的概率，即 A 的概率＝$\pi(A) \times A(L)$。

　　对于第二行(普通日 N)：根据初始状态概率和状态输出概率，计算从普通日开始，然后观测到车辆数量低(L)的概率，即 N 的概率＝$\pi(N) \times N(L)$。

　　通过这种方式，我们可以为第一列的每个单元格计算相应的概率值。

　　(3) 从第二列开始，遍历矩阵的每一列。对于第二列(观测到 M)的第一个值，我们需要计算两个值：一个是从活动日到活动日(A→A)的概率，另一个是从普通日到活动日

(N→A)的概率。我们使用以下计算方法。

A→A 的概率＝(上一列 A 的概率值×$A(A)$×$A(M)$)

N→A 的概率＝(上一列 N 的概率值×$N(A)$×$A(M)$)

我们选择这两个值中的最大值作为当前单元格的值,并记下相应的前一个状态。

对于第二列的第二个值(从活动日到普通日和从普通日到普通日),我们同样计算两个值。

A→N 的概率＝(上一列 A 的概率值×$A(N)$×$N(M)$)

N→N 的概率＝(上一列 N 的概率值×$N(N)$×$N(M)$)

我们选择这两个值中的最大值作为当前单元格的值,并记下相应的前一个状态。

以相同的方法计算矩阵其余列的值。

(4)为每个单元格找到最大概率路径:在每一列中,我们分别为两种状态(A 和 N)找到最大概率路径,就像我们在第(3)步中所做的那样。对于每个单元格,我们将选定的最大概率值存储在当前单元格中,并记下对应的前一状态。

(5)回溯以找到最优隐藏状态序列:在矩阵的最后一列中找到最大概率值,并确定其对应的隐藏状态。这将是最优隐藏状态序列的最后一个元素。根据之前记录的前一个状态,从最后一列回溯到第一列,找到最优隐藏状态序列的其余元素。

通过这个过程,你就可以找到与观测序列(L、M、H、H、M)最匹配的隐藏状态序列,从而推断出这 5 天的日子类型(活动日和普通日)。通过这个计算过程,假设我们找到了这个最有可能的隐藏状态序列:N、A、A、A、N。这意味着在你观测到的停车场车辆数量序列(L、M、H、H、M)期间,这个小镇的日子类型是:普通日、活动日、活动日、活动日、普通日。

总结一下,在隐马尔可夫模型中,解码问题是指给定一个隐马尔可夫模型和一个观测序列,寻找最有可能产生这个观测序列的隐藏状态序列。解决解码问题的常用算法是维特比算法。维特比算法是一种动态规划算法,它通过在每个时间步保存前一个状态最有可能的路径,然后在下一个时间步基于保存的路径计算当前状态最有可能的路径,从而找到最有可能的隐藏状态序列。

4.4.3　学习问题

在隐马尔可夫模型中,学习问题是指根据一组观测序列来估计模型参数(状态转移概率矩阵、状态输出概率矩阵和初始状态概率)。很显然,学习问题与之前我们遇到的估值问题和解码问题都不同,这次隐马尔可夫模型的参数我们不知道了,我们知道的只有观测序列。好在,我们不是只知道一个观测序列,而是知道一组,也就是很多的观测序列。在前面的估值问题中我们讲到,对于任何一个已知参数的隐马尔可夫模型,我们可以计算出特定观测序列出现的概率,这也就意味着,当某个特定观测序列出现的时候,隐马尔可夫模型中的某些参数可能会趋近于一些特定的值;如果出现了很多特定的观测序列,那么我们就可以根据这些观测序列,来估计我们的隐马尔可夫模型是什么样的,也就是说,我们可以通过训练数据(也就是很多的观测序列)来找出隐马尔可夫模型的参数。下面我们再来举一个简单的例子看看。

假设我们有一个动物园管理的情景。管理员想要了解动物园里的猴子行为。他记录了猴子在不同天气条件下的行为,但并不知道具体的天气。显然,猴子行为作为观测状态,天气作为隐藏状态构成了一个隐马尔可夫模型(图4.8)。管理员收集了很多观测序列数据,但并不知道猴子行为和天气之间的关系以及天气转换的规律。他的目标是找到一个隐马尔可夫模型,最好地描述这些观测数据。

图 4.8　猴子行为和天气的隐马尔可夫模型

通常,我们使用 Baum-Welch 算法(一种基于期望最大化算法的特例)来解决这个问题。这个算法比较复杂,本书只对它进行简单的描述,希望读者可以理解其中的大概思路。这个算法可以描述成以下几步。

(1)初始化:管理员首先需要随机初始化隐马尔可夫模型的参数,包括状态转移概率矩阵(天气之间的转换规律)、状态输出概率矩阵(猴子在每种天气下的行为规律)以及初始状态概率(第一天的天气概率)。

（2）E(Expectation)步骤：在这一步中，管理员使用当前的模型参数来计算猴子在每种天气下的行为的概率分布。这意味着他要找出观测到的猴子行为在每种天气条件下的概率。可以使用前向-后向算法来完成这个任务。

（3）M(Maximization)步骤：在这一步中，管理员根据 E 步骤得到的概率分布来更新模型参数。具体来说，他会重新估计状态转移概率矩阵、状态输出概率矩阵和初始状态概率，使得它们能够更好地解释观测到的数据。

（4）重复：接下来，管理员继续在 E 步骤和 M 步骤之间交替进行计算，不断更新模型参数，直到模型收敛，即参数变化很小或者已经达到了预定的迭代次数。

（5）收敛判断：在每次进行 E 步骤和 M 步骤之后，管理员需要检查模型参数是否已经收敛。收敛通常是指模型参数的变化小于预定阈值，或者已经达到预定的迭代次数。如果模型收敛，则停止优化过程；否则，返回第（2）步，继续执行 E 步骤和 M 步骤。

（6）结果分析：当算法收敛时，管理员得到了最终的隐马尔可夫模型参数。这些参数包括状态转移概率矩阵(描述天气之间转换的规律)、状态输出概率矩阵(描述猴子在每种天气下的行为规律)以及初始状态概率(描述第一天的天气概率)。通过分析这些参数，管理员可以更好地理解猴子在不同天气条件下的行为。

最终，通过这个过程，管理员能够找到一个隐马尔可夫模型，较好地描述猴子在不同天气条件下的行为数据。虽然这个过程可能无法保证找到全局最优解，但是它可以找到一个局部最优解，使得观测数据的概率最大。有了最优参数的隐马尔可夫模型，管理员可以根据实际需求，解决估值问题、解码问题或其他应用场景问题。例如，他可以预测未来某天猴子的行为、寻找最可能的天气序列等。这就是如何利用 Baum-Welch 算法来解决隐马尔可夫模型的学习问题。

最后，我们再来总结一下隐马尔可夫模型的三个核心问题。

（1）估值问题：在已知模型参数和观测序列的情况下，计算产生给定观测序列的概率。

（2）解码问题：在已知模型参数和观测序列的情况下，找到最有可能产生给定观测序列的隐藏状态序列。

（3）学习问题：在已知观测序列的情况下，估计模型的参数(状态转移概率矩阵 A、状态输出概率矩阵 B 和初始状态概率 π)。

在实际应用中,很多问题都是这三个核心问题的演化,除了我们前面提到的自然语言处理、语音识别和生物信息学等方向,隐马尔可夫模型在金融领域可用于时间序列分析,如股票价格预测、风险管理和市场波动建模,观测序列通常是金融市场的历史数据,隐藏状态序列可能表示不同的市场状态;也可用于手写字符或手写数字的识别,这时候观测序列是手写字符的图像特征,隐藏状态序列可能代表不同的字符或数字;在机器人领域,隐马尔可夫模型可以用于地图构建、自主导航和目标跟踪,此时观测序列是机器人传感器数据,隐藏状态序列可能表示机器人的位置、环境状态或目标位置;隐马尔可夫模型还可用于音频处理领域,如语音合成和音乐分析,观测序列可以是音频信号的特征向量,隐藏状态序列可能表示音频中的语音单位或音乐元素等。可以看到,隐马尔可夫模型是一种灵活且强大的模型,可用于各种领域的序列建模和模式识别任务,特别是当需要处理具有潜在隐藏状态的数据时,隐马尔可夫模型是一个非常有用的工具,为多个领域中的各种复杂问题提供了强大且有效的解决方案。

4.5　本章小结

本章深入探讨了隐马尔可夫模型(HMM)的理论和实际应用。隐马尔可夫模型是一种统计模型,它假设系统状态虽然不能直接观测到,但可以通过观测到的其他与系统状态有某种关联的序列来推断。这种模型特别适合解决那些存在隐藏状态的问题,如语音识别、自然语言处理、生物信息学等领域。你需要理解隐马尔可夫模型最主要是应用在时序数据上的,当然如果你的数据具有一定时序数据的特点,你也可以应用它。时序数据指的是数据点按时间顺序排列的数据集合,这种数据的分析可以揭示出数据随时间变化的模式。隐马尔可夫模型通过对这些数据的隐藏状态和可见状态之间的关系进行建模,提供了一种强大的工具来分析和预测时间序列数据的行为。

构建一个有效的隐马尔可夫模型需要确定几个关键的参数:初始状态概率、状态转移概率矩阵和状态输出概率矩阵。这些参数共同决定了模型对数据生成过程的描述。实际应用中,如语音识别和自然语言处理,隐马尔可夫模型能够有效地将观测数据(如音素或单词)映射到隐藏状态(如语义或语法结构),从而进行有效的预测和分析。

　　隐马尔可夫模型在实际应用中主要解决三个问题：估值问题、解码问题和学习问题。估值问题涉及计算在给定模型参数的情况下，一个特定的观测序列出现的概率；解码问题寻找最有可能产生观测序列的隐藏状态序列；学习问题则是基于观测数据估计模型的参数。这三个问题的有效解决是应用隐马尔可夫模型的关键。

第**5**章

线性分类器

在接下来的两章中,我们将学习现今模式识别方法中一类应用更加广泛的方法:线性分类器和神经网络。线性分类器通过简单的分隔线将不同类别的数据点区分开来,为初级分类问题提供了快速有效的解决方案。而神经网络通过模仿人脑神经元的连接方式进行建模和学习,能够从复杂数据中提取抽象特征,适用于更复杂的分类和预测任务。这两种方法相辅相成,线性分类器是理解基础,神经网络则推动了模式识别领域的创新,带来更高的准确性和适应性。本章,让我们先从线性分类器入手。

让我们想象一下日常生活中的一个场景:你现在要收拾一堆散落在地上的玩具(图 5.1),你只有两个收纳箱,如何才能快速把玩具分成两类收起来并且想找的时候也比较方便呢?你可能会选择这样一种方式,比如把玩具按照大小进行排序,小的放在左边,大的放在右边,然后找到一个合适的大小作为区分点,自然就把玩具分成了两堆。这其

图 5.1 散落在地上的玩具

实就是最简单的一维线性分类器了,它的分类界面就是一个点。然而,如果玩具实在很多,仅仅按照大小分类可能并不是一个最好的办法,此时你发现颜色也是一个不错的特征,于是把暖色的玩具放在下面,冷色的玩具放在上面,这个时候,你可能可以画出一条斜线,将这些玩具分成更合适的两类;但是,有时候你可能会发现地上的玩具实在过于多且复杂,此时你可能并不能找到能够将玩具分成很合理的两类的"一条线",这有可能是这个问题本身的原因,也有可能是你选择的"颜色"特征不那么适合作为分类标准。

这个案例就像是"线性分类器"的生动写照。线性分类器通过一个点(一维特征)、一条直线(二维特征,在更高维度中是平面或者超平面)将不同类别的数据分隔开来。就像你用直线将玩具分成不同区域一样,线性分类器通过找到最佳的分隔线,将数据点分成不同的类别。但是,这种分类方法能处理的问题比较有限,很多实际问题(如非线性分类问题),它就没有办法很好地解决。尽管如此,线性分类器依然是一种简单却强大的算法,它为神经网络分类器奠定了基础。在本章中,我们将深入探讨线性分类器的基本原理和工作方式,为理解更复杂的神经网络算法做好准备。

5.1 你的问题线性可分吗

在深入讲解算法之前,有一个概念我们需要优先明确,那就是,什么是线性可分问题?或者说,线性分类器适合处理的问题具有什么样的特性?就像刚才的玩具堆,若按照大小和颜色摆放好了之后,有可能会非常容易地找到一条分隔线把它们分成两类,也有可能并不可以,这就涉及了这个问题本身的性质——它是否具有线性可分性?

来看一个更简单的例子:想象一下,我们面前摆放着一个果盘,里面有苹果和橙子,我们想要将它们分开来。我们可以通过颜色和形状这两个特征来区分和摆放这两类水果。我们很自然地会想,能否画出一条直线将这两类数据分开呢?在画这条直线的时候,实际上是在利用这条直线将特征空间划分成两个互不相交的部分。也就是说,在这个二维空间中,如果能够找到一条直线将苹果和橙子完美地分开,那么,我们就说该分类问题是一个线性可分的问题(图 5.2)。

但是,我们当然也可以不按照颜色和形状来进行摆放,如图 5.3 所示,这时候你会发现,你无论如何都找不到一条线,可以把苹果和橙子完美地分开。显然,这时候,这个分类问题就是一个线性不可分的问题,即你无法找到一个线性边界来完全分开不同类别的数据。

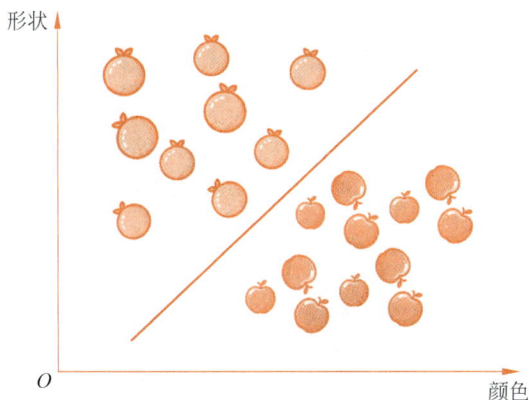

图 5.2 线性可分的水果分类示意图

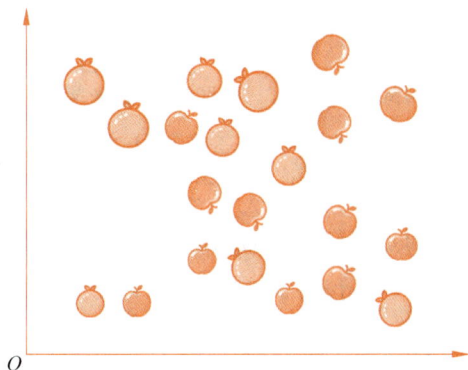

图 5.3 线性不可分的水果分类示意图

更典型的线性不可分问题是异或问题,如图 5.4 所示,假设我们想要在当前平面上用直线将苹果和橙子分开,你能做得到吗?

在这个问题中,相当于有四个数据点,在第一象限和第三象限的属于类别 1 苹果,而在第二象限和第四象限的属于类别 2 橙子。虽然这个问题看起来很简单,但我们实际上无法用一条直线将这四个点完全分开。因此,我们需要一个非线性的决策边界,比如一个曲线型边界。

到目前为止都很好理解,能用直线分开的问题是线性可分问题,不能用直线分开的问题是非线性可分问题。但是,你又要问了,为什么同样是分类苹果和橙子,一会儿是线性可分(图 5.2),一会儿是线性不可分(图 5.3)呢? 这就要涉及另一个很重要的概念,那就是特征空间了。实际上我们在说一个问题是否线性可分的时候,完整的句子是该问题

图 5.4　异或问题示意图

在某个特征空间下是否线性可分。这时候我们的问题不再是物理上的真实空间,而是虚拟的特征空间。还是分水果的问题,你可以理解成每个水果都被映射成了两个数值来代表它的颜色和形状,即这些水果被映射成了二维特征空间(颜色和形状作为坐标轴,如图 5.5 所示,我们称之为特征空间 1)中的点,于是,我们就将苹果和橙子的分类问题转换为了对二维特征空间中的不同点进行区分的问题。如果你选择的特征是颜色和大小,那么显然,对同一个水果来说,对应在该特征空间(我们称之为特征空间 2)的点和对应在特征空间 1 中的点并不是同一个坐标位置,自然也就可能导致一个线性可分的问题(在特征空间 1 中),变成一个线性不可分的问题了(在特征空间 2 中)。

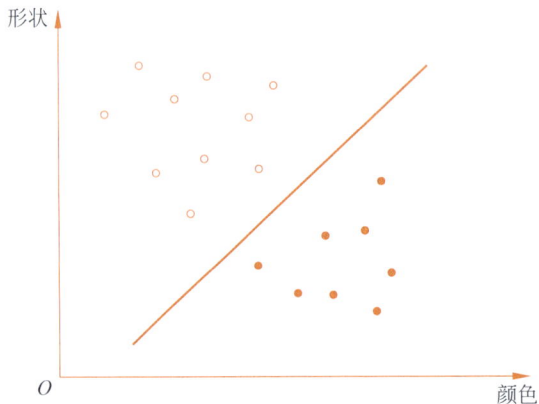

图 5.5　特征空间中的线性可分问题

现在,让我们再次强调"线性可分"和"线性不可分"两个概念。我们说一个数据集在某个特征空间中是线性可分的,意味着我们能在该特征空间中找到一个线性边界,如直线、平面或者超平面,它可以将不同类别的数据完全分开。

线性分类器主要负责解决的是线性可分问题,在解决线性不可分问题时有比较大的局限性。当然,有一些技术可以帮助我们处理线性不可分的问题。比如,我们可以通过将数据映射到一个更高维度的空间,使得数据在新的空间中变得线性可分。这就是所谓的"广义线性化",即将数据从低维空间映射到更高的维度,使问题变成线性可分的。支持向量机(SVM)中的核技巧就是一个很好的例子,这个我们在后面会提到。然而,并不是所有的线性不可分问题都能通过映射到高维空间来变成线性可分的。有时候,我们可能无法找到一个合适的特征映射使得数据变得线性可分。同时,映射到高维空间也可能引发"维数灾难",即当特征空间的维度极高时,数据变得稀疏,这会导致模型计算复杂度的提升,训练难度增大。当然,尽管适用范围有限,线性分类器仍然是理解更复杂模型的基础。接下来,我们将具体探讨线性分类器的原理和实现方法。

5.2 线性分类器长什么样子

在我们之前分水果的例子中,线性分类器显然就是空间中的一条直线,在特征空间中,我们可以用一个线性函数来表示这条直线,记为 $g(x)=0$,我们称之为线性判别函数。这时,线性判别函数和分类决策规则一起构成了线性分类器。有了这个函数,对于任何一个新的输入 x,我们都可以通过函数 $g(x)$ 的取值来判断新输入的 x 的类别:如果 $g(x)>0$,我们就认为 x 属于类别 ω_1;如果 $g(x)<0$,则认为 x 属于类别 ω_2。对于 $g(x)$ 等于 0 的情况,说明 x 恰好落在分类决策边界上,我们可以灵活处理(比如根据经验分布情况或者随机划分到某一类别)。

当然,在更一般的任务中,比如将狗和猫区分开,可能需要考虑更多的特征,比如毛色、耳朵形状、尾巴长度等。这就需要在一个更高维度的空间中来区分它们(图5.6)。在不同的维度空间中,线性分类界面的形态会有所不同。在一维空间中,线性分类界面就是一个点;在二维特征空间中,线性分类界面就是一条线;在三维特征空间中,线性分类界面是一个平面;而在高维空间中,它就是一个超平面。

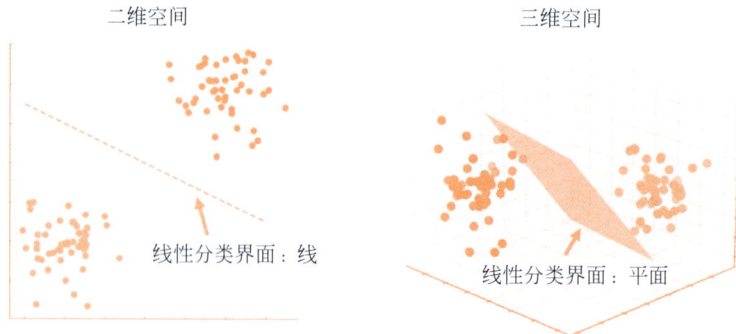

二维空间　　　　　　　　　三维空间

线性分类界面：线

线性分类界面：平面

图 5.6　高维空间中的线性分类界面

　　要理解线性分类器首先要理解的就是线性判别函数。我们常常可以看到这个函数的数学化表达是这样的：

$$g(\boldsymbol{x}) = \boldsymbol{w}^{\mathrm{T}}\boldsymbol{x} + w_0$$

其中，$g(\boldsymbol{x})$ 是线性判别函数的输出，$\boldsymbol{w}$ 是权重向量，$\boldsymbol{x}$ 是输入特征向量，w_0 是偏置。

　　这种数学公式的表达很简明，其核心思想是，通过计算输入特征（也就是待分类的样本）与一组权重的线性组合，再加上一个偏置，来得出一个预测值 $g(\boldsymbol{x})$。这个预测值可以被解释为数据点属于某个类别的置信度。对于二分类任务来说，如果预测值大于某个阈值，数据点被分类为一个类别；否则，被分类为另一个类别。或者换句话来说，我们利用线性判别函数在特征空间中进行了一个类别划分，不同的划分区域代表着不同的类别。当有一个样本落入特征空间后，我们只需判断它属于哪个区域，就可以判定它属于哪个类别。

　　线性分类器的学习过程就是确定线性判别函数应该是什么样子，以便尽可能好地分隔这两个类别。这条线/面的形状和位置取决于函数中的参数 $\boldsymbol{w}$ 和 w_0，这些参数是通过学习得到的。至于具体如何学习，就是我们后面要介绍的内容了。

　　前面我们说了一个很重要的概念，那就是线性判别函数＋分类决策规则＝线性分类器。比如我们下面写的这个式子，表达的就是一个线性分类器，我们根据线性判别函数 $g(\boldsymbol{x})$ 的正负值判断 $\boldsymbol{x}$ 处于线性分类界面划分的哪一个空间。

$$g(\boldsymbol{x}) = \boldsymbol{w}^{\mathrm{T}}\boldsymbol{x} + w_0 \begin{cases} > 0, & \boldsymbol{x} \in \omega_1 \\ < 0, & \boldsymbol{x} \in \omega_2 \\ = 0, & \text{拒识／任意类别} \end{cases}$$

也就是说,当有新的样本点 x 来到时,我们会计算这个样本点在线性判别函数中的输出值,我们称之为 $g(x)$。这个 $g(x)$ 有三种可能性:

如果 $g(x)$ 大于 0,那么我们可以判定这个样本 x 属于类别 1。

如果 $g(x)$ 小于 0,那么我们可以判定这个样本 x 属于类别 2。

如果 $g(x)$ 等于 0,那么我们可以判定这个样本 x 处于分类界面上,可以拒绝识别或者随意归类。

这就是我们对新样本的分类策略。从这个策略中,我们可以看到,线性判别函数不仅帮助我们找到了分类的界限,还帮助我们对新的样本进行了分类。实际上,基于线性判别函数的重要性质,我们还可以进一步地得到线性判别函数的几何意义(有的书也称为线性判别函数的性质)。

线性判别函数的几何意义(性质)如下。

(1) 线性分类界面 H 将特征空间划分为两个区域:一个区域中 $g(x) > 0$,另一个区域中 $g(x) < 0$。

(2) 权值矢量垂直正交于分类界面,并且指向 $g(x) > 0$ 的区域。

(3) 偏置 w_0 与坐标原点到分类界面 H 的距离 r_0 有关:$r_0 = |w_0| / \| w \|$。

上面的说法可能还是有点抽象,让我们再具体一点。现在我们想象在一个二维空间(就像一个平面图纸)中有很多点,这些点被我们分为两类:一类是正类(我们可以想象它们是浅橙色的),另一类是负类(我们可以想象它们是深橙色的)。现在我们的任务是找到一条线(线性分类界面),使得所有的深橙色点在这条线的一边,所有的浅橙色点在线的另一边。这条线(线性判别函数)就是这两个类别之间的分类界面(图 5.7),它将特征空间划分为两个区域,一边是 $g(x) > 0$(左边),另一边是 $g(x) < 0$(右边)。

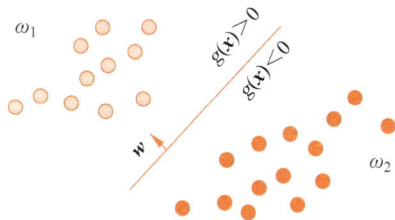

图 5.7 线性判别函数的几何意义

性质 1 可以被看作线性判别函数的"决策规则",所有满足某个条件(例如值大于 0)的点都被判定为某一类。如图 5.7 所示,假设有一个新的点出现,我们想要判断这个点是深橙色还是浅橙色。我们只需要看它在这条线的哪一侧。如果它在边界线的左边(也就是 $g(x)>0$),我们就说它是浅橙色的;如果它在边界线的右边(也就是 $g(x)<0$),我们就说它是深橙色的。这就是性质 1 的内容,它揭示了线性判别函数的分类机制。

在性质 2 中,我们特别关注了线性判别函数的法向量 w。我们知道线性判别函数是一个线性函数。在二维空间中,这个函数代表一条直线,而在更高维的空间中,这个函数代表一个平面或者超平面。这个直线/平面/超平面就是我们的分类界面。但是,有一个问题需要注意,那就是这个分类界面的方向。如果仔细观察线性判别函数的形式,会发现,$w^T x + w_0$ 等于 0 时,这个分类界面的法向量就是 w。也就是说,这个向量垂直于分类界面。这个向量就像是一个"指南针",它指向的方向是分类界面的"正面",即值大于 0 的区域。这个性质给我们的分类带来了很大的便利,因为我们可以通过这个法向量,快速判断一个新的样本在分类界面的哪一侧。

性质 3 是说,偏置 w_0 和原点到分类界面的距离有关。假设我们将坐标原点的线性判别函数的值定义为 r_0,那么坐标原点到分类界面的几何距离就可以表示为 r_0,它等于 $g(0)$ 除以 w 的模长。偏置可以看作调整分类界面位置的一个工具,如果没有这个偏置,那么分类界面就只能经过原点,这显然会限制分类界面的位置。

同时,这个性质本质上是在告诉我们,我们还可以从这个函数中获取更多的信息。除了告诉我们新来的点在线的哪一边(也就是它属于哪个类别),它还可以告诉我们新点离这条线有多远。如果我们将这个距离记为 r,那么:

$$r = \frac{g(x)}{\|w\|}$$

其中,$g(x)$ 是线性判别函数,w 的模长是权重向量的长度。

如何理解这个距离 r 呢?让我们再次想象那条分界线。如果一个新的深橙色点(假设它的名字叫 X)出现在右边,而且离分界线很远,那么我们可以说,这个点非常"橙",因为它在深橙色的区域中,而且离对岸很远。而如果一个新的深橙色点出现在右边,但是离分界线很近,那么我们可能就没有那么确定它属于"深橙色"了,因为它接近分界线,也就是接近可能被判定为浅橙色的区域。这个距离 r 的大小,一定程度上决定了我们对于这个分类的信任度,r 越大,我们会倾向于认为这个分类是越准确的。

从刚才的讨论中,我们深入理解了线性判别函数以及它的几何解释。我们知道了一个样本点的线性判别函数的值,不仅可以告诉我们样本点在分类界面的哪一侧,还反映了样本点离分类界面的距离。这个概念是非常关键的,因为它为我们后续如何优化分类界面提供了方向。

5.3 线性分类器的学习——参数求解

在讨论模式识别问题时,我们通常会专注于两个核心方面:"模型的使用方法"和"模型的构建过程"。理解这两方面对于应用任何模式识别模型都是至关重要的。以线性分类器为例,它的使用过程相对直接:对于一个新的输入数据,我们将其代入线性判别函数,计算得到的预测值(函数值),并根据预设的决策规则判断该预测值属于哪一个类别。这个过程的简单性是线性分类器受欢迎的一个重要原因,因为一旦分类器被构建并优化好,其应用过程就变得非常高效和直观。

然而,线性分类器的真正挑战在于构建过程,特别是如何有效地求解线性判别函数中的参数。这些参数的求解是构建线性分类器的核心,因为它们直接决定了模型的分类边界,从而影响分类的准确性。构建线性分类器的过程涉及从数据中学习,这通常通过优化某个目标函数来实现,比如最小化分类错误的数量或最大化分类间隔。这个优化过程可能会涉及复杂的数学推导和优化算法,如梯度下降法、拉格朗日乘数法等,以确保我们找到的参数能够使得分类器在给定的训练数据上表现最佳。

简言之,学习问题的核心,是利用已有的训练数据,学习线性判别函数中的参数向量。一般来说,这个过程分成这样两步。

(1)设定一个标量的准则函数,使其值能够代表解的优劣程度,准则函数值越小,说明解越符合要求。

(2)通过寻找准则函数的极小值,就能找到最优的一个解,使准则函数取得极小值的参数向量,就是模型的最优解。

线性分类器求解的过程,可以被看作一个冒险家的旅程,寻找那个最理想的宝藏,也就是最优解(图 5.8)。首先,我们需要一张藏宝地图,以保证我们最终到达的是正确的地方。在这里,我们的地图就是标量准则函数,它能告诉我们,哪些地方可能隐藏着我们想找的宝藏。这个标量准则函数,是用来衡量我们的解有多好,或者说,我们离理想的宝藏有多近。它的值越小,说明我们找到的解越好,离宝藏越近。

然后,我们需要一种方法,能够帮助我们在这个庞大的地图(解空间)中,找到那个能让标量准则函数取得最小值的地方。这就好像我们需要一种能指向宝藏的罗盘。找到使准则函数取得最小值的解，也就是找到了宝藏，这就是最优解。

图 5.8　线性分类器的参数求解寻宝图

基于不同的标量准则函数和优化方法，线性分类器展现出多样化的算法形态，各有其独特的处理策略和应用领域。在这一系列算法中，我们特别关注三种具有代表性的学习算法：感知器算法、最小平方误差算法，以及支持向量机（SVM）。感知器算法因其简易性而作为入门级选择，为我们提供了线性分类的基础框架。最小平方误差算法能一定程度地适应线性不可分问题，提高了适用性。SVM 以其强大的间隔最大化原理，以及核函数的使用，提供了一种在高维空间中有效分离数据的高级方法。这三种算法各自在线性分类领域内扮演着独特的角色。它们不仅展示了从基础到高级的递进关系，也体现了线性分类器在解决数据分类问题时的多样化方法。

需要明确的是，不管是哪种算法，其基本形态都是一种用于二元分类的算法。换句话说，一个输入数据，可根据线性分类器 $g(\boldsymbol{x}) = \boldsymbol{w}^{\mathrm{T}}\boldsymbol{x} + w_0$ 的参数向量和偏置，以线性组合的方式将数据点映射为一个值，进而可根据预先设置的类别划分准则，将预测值判定为正类或负类。训练线性分类器的过程就是通过已有的训练数据，找到一组合适的参数也就是 $(\boldsymbol{w}, w_0)$ 的过程。

5.4　最简洁的线性分类器——感知器算法

既然线性分类器的目标是找到一个能够正确区分所有样本的线性判别函数,那么选择准则函数最直观的想法,就应该是错误分类的样本数。就好像是我们在学习的时候去做练习册一样,我们认为练习册(图 5.9)中做错的题目越少,我们也就学得越好。以此类推,被错误分类的样本数越少,分类器越好。如果得到的分类器参数能够把所有的训练数据分类正确,即准则函数取得最小值 0,便可认为此时的(w, w_0)就是最优的参数。

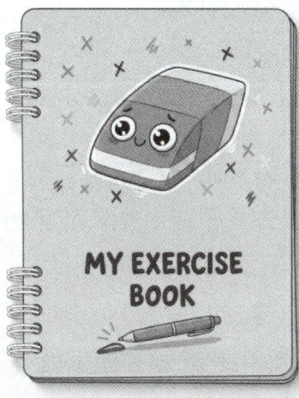

图 5.9　练习册

但是,这个准则函数虽然容易理解,却并不适用于优化算法(因为这个准则函数是一个阶梯函数,其中的数学原理本书不展开来说),此时取而代之的就是有着类似效果的感知器准则。感知器准则以被错误分类的样本到分类界面的"距离"之和为准则进行优化。还是以做练习册举例,将最小化错误样本个数变为最小化错误样本到分类界面的距离,就好像我们现在关注的不是单纯做错题目的个数,而像是每个题目还有做错的程度,或者理解成错题的扣分,我们希望扣的分数越少越好,同样地,如果没有被错分的样本,该准则函数也会取得最小值 0。更加有趣的是,这个"距离"可以根据要训练的线性判别函数轻易地计算得到,只不过要注意的是,这里的"距离"和样本到分类界面的真实距离有一个比例因子(见线性判别函数的性质 3)。需要说明的是,这两种距离差异对后续的优化并没有什么影响。

现在,假设我们的任务是设计并训练一个简单的感知器来决定我们是否应该外出玩要(图 5.10)。这里,"去玩"和"不去玩"可看作一个二元分类问题。显然,对于外出玩耍这件事,天气因素和空闲时间因素是我们不得不考虑的问题,因此,我们可以把天气和空闲时间作为输入。如果天气好并且有空闲时间,我们就决定外出玩耍。

图 5.10　用于外出玩耍决策的感知器模型

在这个例子中,感知器将会综合考虑两个输入因素(天气和空闲时间)来决定输出(是否外出玩耍)。在感知器中,每个输入元素(特征/因素)都有一个权重,该权重可视为感知器在决策中赋予每个输入元素的重要性。例如,我们可能认为天气比空闲时间更重要,因此在感知器的计算过程中可将天气因素赋予更大的融合权重。

感知器算法的工作方式就是通过优化一系列输入(也就是训练数据)的预期输出与预测输出之间的差异来学习这些权重。在我们的例子中,训练数据可能包括过去的天气状况、空闲时间和我们是否决定外出玩耍的情况,其中天气状况和空闲时间可视为输入数据的两个特征元素,而与其对应的外出玩耍情况则是输入数据的预期输出(可视为输入数据的标签)。任何的训练数据经过感知器计算出一个总和,这个总和是每个输入乘以其权重的和,再加上一个偏置,即前面所述的线性判别函数 $g(\boldsymbol{x})$ 的值。如果这个总和超过一个特定的阈值,感知器就会输出一个类别(在例子中,就是"去玩"),否则就输出另一个类别("不去玩")。感知器算法的目标是找到一组权重和偏置,使得对于所有的训练数据,感知器的输出都尽可能接近实际的输出,即被错误分类的训练数据最少。

现在,让我们继续以天气和空闲时间为考虑因素来决定是否外出玩耍,进而解释感知器的训练过程。假设有一个初始感知器和以下训练数据("好天气"记为 1,"坏天气"记为 0;"有空闲时间"记为 1,"没有空闲时间"记为 0):

　　好天气,有空闲时间→出去玩

　　好天气,没有空闲时间→不出去玩

　　坏天气,有空闲时间→不出去玩

　　坏天气,没有空闲时间→不出去玩

　　首先随机初始化感知器的权重和偏置(假设随机初始值为 $w = [0.2, -0.1]$,偏置 $w_0 = 0.1$,这个数据是随机生成的,一般情况下随便是什么值都可以),然后开始训练。

　　(1) 将训练样本的输入值(天气和空闲时间)和对应的权重相乘,然后加起来。例如,对于第一个训练样本,输入值是 $[1, 1]$,那么当前线性判别函数的输出就是 $1 \times 0.2 + 1 \times (-0.1) + 0.1 = 0.2$。这个输出值有时候也被称为净输入,因为它接下来还会被输入一个激活函数从而得到整个感知器的输出。在这个例子中,可以使用阈值函数作为激活函数,阈值设为 0。那么,净输入 0.2 大于阈值 0,所以感知器的输出是 1("出去玩")。

　　(2) 比较感知器的输出和训练样本的期望输出。在这个例子中,感知器的输出("出去玩")和训练样本的期望输出("出去玩")是一致的,所以这次预测是正确的,损失值为 0,此时不需要调整感知器的权重 w 和偏置 w_0。

　　(3) 用所有的训练样本重复以上过程。如果有预测错误的样本,那么需要根据错误的程度(期望输出和实际输出的差距)来调整权重和偏置,使得下次再遇到这个样本时,感知器能够输出正确的结果。调整权重和偏置的方法通常如下。

新的权重 = 旧的权重 + 学习率 × 输入值 × 错误

新的偏置 = 旧的偏置 + 学习率 × 错误

　　这里的错误,一般采用第(1)步算得的净输入本身,这使得感知器的参数更新变得非常简单。而这里的学习率是决定感知器算法最终能否得到好的结果的一个重要参数,我们后面再讲。

　　(4) 重复训练。将所有的训练样本都用于训练感知器,然后重复这个过程,直到感知器的输出在所有的训练样本上都是正确的(即与期望值一致),或者达到了设定的最大训练次数。

　　训练结束后,就得到了一个训练好的感知器,可以用来预测在给定天气和空闲时间条件下,我们是否会选择外出玩要。总而言之,基于感知器算法的预测过程非常简单,只需要将给定的输入值(天气和空闲时间)和训练好的权重相乘,然后加上偏置,将结果输入激活函数,得到的输出就是预测结果。

例如,如果得到的训练好的权重是$[0.5, -0.3]$,偏置是0.2,那么在给定"好天气"(1)和"有空闲时间"(1)的条件下,感知器会计算$1 \times 0.5 + 1 \times (-0.3) + 0.2 = 0.4$,然后将$0.4$输入阈值函数(假设阈值设为$0$),得到的输出便是1,表示"出去玩"。

这个例子说明了,感知器是一个简单的线性分类器,它试图找到一条直线(或者在更高维度中是一个超平面)来分隔不同的类别。然而,如果数据不能被一条直线完美地分隔,感知器可能会作出错误的预测。这就是感知器的一个主要限制。在后续的学习中,你会接触到更复杂,但能够处理这种非线性问题的模型。

如上所介绍,感知器是一个简单的二分类模型,它的基本形式就是一个线性分类模型,即分类决策由输入特征空间中的直线或超平面决定,因此,感知器模型与线性判别函数密切相关。假设训练样本是线性可分的,也就是说,存在一个超平面能够将这两类样本完全正确地分开。这个超平面对应的模型参数(w, w_0)就是需要找的最优解。

感知器模型的训练过程,即其参数的求解通常是基于梯度下降法来优化的:首先,初始化模型参数,然后不断地使用训练样本来修正模型参数,使得分类错误的样本数量逐渐减少。

先给出感知器的准则函数,也就是目标函数。这里可以选择感知器误差准则函数,它是所有被错误分类的样本到分类超平面的总距离。我们的目标就是要最小化这个准则函数。

因此,在训练过程中,我们忽略被正确分类的样本,只根据被错误分类的样本来调整模型参数。每遇到一个被错误分类的样本(x_i, y_i),就可以使用如下公式来更新模型参数:

$$w = w + \eta y_i x_i$$

$$w_0 = w_0 + \eta y_i$$

这里的η是学习率,通常取一个较小的常数。

感知器学习算法的一个重要特性是它的收敛性:如果训练样本是线性可分的,那么感知器学习算法一定能够在有限步骤内找到一个能够完全正确分类所有训练样本的超平面。当然,这个超平面并不唯一,它取决于初始化的模型参数以及样本的训练顺序。

具体来说,感知器的求解过程可以分为以下几个步骤。

(1)初始化:需要初始化感知器的权重和偏置。一般情况下,可把它们设置为较小的随机数。

（2）净输入求解：对于每一个输入（在之前的例子中是天气和空闲时间），将它和对应的权重相乘。接着，把所有的输入和权重的乘积加起来，再加上偏置。这个值也称为净输入或净激活。

（3）激活函数：这个净输入接着被输入激活函数。在最简单的感知器中，激活函数通常是一个阈值函数：如果净输入超过了一个阈值，感知器就输出 1（"去玩"），否则就输出 0（"不去玩"）。

（4）重复训练：现在，需要用训练数据来调整感知器的权重和偏置，使得它的输出更接近我们希望的结果。对于每一个训练数据，我们都将其输入感知器，看感知器的输出是不是我们希望的结果。如果不是，我们就调整权重和偏置，使得下次再遇到这个输入时，感知器能够输出正确的结果。这个过程被重复很多次，直到感知器的输出在所有的训练数据上都是正确的，或者达到了设定的最大训练次数。

演示案例

再用一个简单的例子来演示感知器模型的工作过程。

假设有如下 4 个二维空间的训练样本，它们的类标记如下：

$x_1=[1,2], y_1=1$

$x_2=[2,1], y_2=-1$

$x_3=[2,3], y_3=1$

我们的任务是：得到一个能够对这 3 个训练样本进行正确分类的感知器模型。首先，需要初始化模型参数，假设选择 $w=[0,0], w_0=0$ 作为初始值。然后，设置学习率 $\eta=1$。

接下来，开始迭代更新模型参数。每一次迭代，遍历所有的训练样本，对于每一个样本，计算它的线性判别函数值 $g(x)=w^{\mathrm{T}}x+w_0$，如果 $yg(x)\leqslant 0$，说明这个样本被错误分类，则按照感知器的更新规则来修正模型参数。这个过程会一直重复，直到所有的样本都被正确分类。

在例子中，第一次迭代的过程如下。

对于样本 1，因为 $y_1(w^{\mathrm{T}}x_1+w_0)=0\leqslant 0$，说明这个样本被目前的模型错误分类，所以需要修正模型参数以使得该样本能够被正确地分类，模型参数的具体修正过程可表示为：$w=[0,0]+1\times[1,2]=[1,2], w_0=0+1\times 1=1$。

对于样本 2，因为 $y_2(w^{\mathrm{T}}x_2+w_0)=-6<0$，说明样本 2 被错误分类，所以需要修正

模型参数：$w=[1,2]-1\times[2,1]=[-1,1]$，$w_0=1-1\times1=0$。

对于样本 3，因为 $y_3(w^{\mathrm{T}}x_3+w_0)=1>0$，说明样本 3 被正确分类，不需要执行模型参数更新的操作。

这样，第一次迭代后，得到的模型参数是 $w=[-1,1]$，$w_0=0$。我们需要继续上述过程，直到所有的样本都被正确分类。

在该例子中，经过两轮迭代后，我们会发现 $w=[-1,1]$，$w_0=0$ 是一个满足所有样本都被正确分类的模型参数，也就是说，我们找到了一个合适的线性判别函数，即 $g(x)=-x_1+x_2$，对应的分类超平面是 $-x_1+x_2=0$。此时，你也可以再次验证所有的训练样本，看看它们是否都被正确分类了

这就是感知器模型的训练过程与分类工作原理。对于一个给定的样本集合，感知器模型会尝试找到一个能将所有样本正确分类的线性分类器。这个过程可能需要多次迭代，每次迭代都可能对模型参数进行修正。如果存在一个可以正确分类所有样本的线性分类器，那么感知器模型一定能找到它。如果不存在这样的分类器，那么感知器模型将会无限迭代下去直到达到设定的迭代次数。

至此，我们已经了解了感知器学习算法的基本原理，这是一个非常直观并且容易实现的算法。然而，它只适用于线性可分的情况，当训练样本不可分时，感知器学习算法将无法收敛。

5.5 最小平方误差算法

感知器算法作为早期的线性分类器之一，在模式识别领域曾经占据了重要的地位。它通过迭代地调整权重向量，试图找到一个能够将不同类别的样本完美分开的决策边界。然而，感知器算法存在几个明显的局限性，最主要的缺点之一是它只能处理线性可分的数据集。当数据集不是线性可分的时候，感知器算法无法收敛到一个稳定的解，这意味着它不能找到一个合适的决策边界来准确分类所有的样本。此外，感知器算法在寻找决策边界时采用的是一种相对简单的方法，它并不考虑数据点距离决策边界的远近，只要数据点被正确分类，无论其距离决策边界有多远，对于算法来说都是相同的。这种方法忽略了数据点距离决策边界远近的重要性，导致即使在线性可分的情况下，感知器算法找到的决策边界也可能不是最优的。由于感知器算法的这些缺点，研究者们开始寻

求更加强大和灵活的算法,以解决线性不可分数据集的分类问题,以及提高模型在处理线性可分数据时的性能。这种探索最终引出了最小平方误差算法的概念。最小平方误差(Least Mean Square Error,LMSE)算法通过最小化预测输出与实际输出之间差的平方和来求解权重向量,这种方法使得算法能够考虑到每个数据点到决策边界的具体距离,从而在许多情况下找到更加优质的分类器。与感知器算法相比,最小平方误差算法不仅适用于线性可分的情况,而且在处理线性不可分的数据集时也表现出更好的稳定性和鲁棒性。通过引入这种优化目标,最小平方误差算法为解决感知器算法所面临的挑战提供了一种有效的途径,同时也为后续的模式识别和机器学习研究开辟了新的方向。

5.5.1 平方误差准则

最小平方误差算法使用平方误差准则作为训练数据的预测标签与真实标签之间误差的度量准则。想象一下你正在玩一个射箭游戏(图 5.11)。每次射箭,你的目标是射中靶心。每一次射箭,箭可能会射中靶心,也可能会偏离靶心。偏离靶心的程度就像我们的"误差"——我们希望箭射中靶心(即预测值与真实值一致),但实际上很难做到(甚至几乎不可能做到)让它每次都正中靶心。

图 5.11 射箭游戏

在这个游戏中，你有很多箭可以射击。你的目标可能是尽量让每一箭都更接近靶心。一个可能的策略是，尽量减小所有箭偏离靶心的距离之和。但是这样可能有一个问题：有些箭可能偏左，有些箭可能偏右，这样它们的偏离程度可能会相互抵消。为了避免这个问题，我们采用了一个更好的方法：考虑所有箭偏离靶心的距离的平方和。这就是最小平方误差的概念。该问题中，"正中靶心"是我们期望的最佳目标，可称为理想值；最小平方误差算法的思想为期望在算法模型的优化训练下使所有样本的输出值最大限度地逼近理想值。

在数学上，广泛利用最小平方误差算法来估计一个模型的参数，使得这个模型对给定数据的预测值与真实值之间的平方误差最小。例如，最小二乘法即是利用最小平方误差来确定模型参数的一种方法，它旨在确定出一个函数，使得这个函数计算出的数据与实际观测数据之间的差的平方和最小。若假设体重与身高之间存在着线性函数关系，则我们可基于测量到的若干体重与身高值，利用最小二乘法确定出体重与身高之间的线性函数的参数。此后，假如知晓某个人的身高，我们可利用该线性函数计算出相应的体重。该线性函数具有十分明确的物理意义：对于一批人来说，与其他线性函数相比，该线性函数计算出的体重与其真实体重之间的总平方误差最小。

本节所讲的最小平方误差算法，其实严格地说是面向模式识别的最小二乘法，它与一般的最小二乘法的区别在于，模式识别任务旨在建立关于类别标签与样本数据间的线性函数关系。为此，需要首先为不同的类别确定数值化的类别标签（具体做法参见后文），然后，基于已知的样本数据及其类别标签，利用最小二乘法确定出线性函数的参数。此后，对于任意新的样本数据，我们即可利用该线性函数计算出相应的类别标签值，将此计算值与事先确定的各类的类别标签进行对比，就可得出其合理的分类结果。

具体而言，如果我们有 n 个数据，y_i 是第 i 个数据 x_i 的实际标签值，而 $\hat{y}_i$ 是第 i 个数据 x_i 作为输入时模型的预测输出标签值，那么对于这 n 个数据的预测值与真实值之间的累计平方误差就是：

$$\sum_{i=1}^{n}(y_i - \hat{y}_i)^2$$

我们的目标就是找到一组模型参数，使得这 n 个数据在模型中的预测输出接近其真实值，即让累计平方误差最小。在这个过程中，平方误差为我们提供了一个距离/误差度量方式，用来衡量预测值与真实值的差距。这个差距越小，意味着模型对于数据的预测越准确。

5.5.2　最小平方误差算法的工作过程

现在,你理解了基于最小平方误差的模式分类算法需要优化的准则函数是什么。接下来我们就要看看这个算法到底是如何工作的。值得注意的是,最小平方误差算法的求解有两种形式,一种是代数求解,另一种是迭代求解。代数求解是一种通过数学公式和代数运算来找到优化问题的解析解的方法。它通常涉及将优化问题表示为一个或多个代数方程,然后使用代数方法(例如方程求解、矩阵运算、代数推导等)来计算出未知变量的值。代数求解通常能够提供问题的解析解,也就是一个明确的数学表达式,该表达式可以"一步到位"地直接计算出问题的解。与之相反,迭代求解是一种"需要一轮又一轮"反复调整/更新参数或条件来逐步逼近问题解的方法,迭代求解通常提供问题的近似最优解。从适用范围上来说,代数求解适用于简单的线性模型,例如线性回归,在这些情况下它通常更有效。此外,它还适用于一些特殊的问题,例如多项式拟合等。迭代求解更适用于复杂的非线性模型,例如神经网络、深度学习,因为在大规模数据集上,代数求解往往计算复杂度高、效率低,而且大部分并不能通过代数方法解析求解,此时迭代求解是一种不错的选择。而且,迭代方法通常鲁棒性更强,可以处理包含异常值的数据集,因为它不会受到单个数据点的极端值的影响。

现在,通过一个非常简单的例子来体会一下这两种求解方式。假设你是一个模式识别课程的老师,你想预测学生的模式识别考试成绩。一般地,学生每周在课业上花费的学习时间(称之为 x)可能与他们的考试成绩(称之为 y)有关。于是你收集了一些学生的学习时间与考试成绩的数据,如表 5.1 所示,希望能够验证上述猜想。事实上,对于这类问题,可通过最小平方误差算法来找出一个线性模型,用于验证学习时间与考试成绩之间的关系。

表 5.1　学习时间与考试成绩的数据

学　　生	学习时间(x)	考试成绩(y)
1	2	76
2	3	78
3	4	82
4	5	85
5	6	90

由于我们的模型只考虑了学习时间这一个特征,即学习时间为输入,考试成绩为输出,所以这是一个典型的一维线性模型,可表示为 $y=mx+b$,其中 m 和 b 是就是这个线性模型的参数,x 表示输入的学生的学习时间,y 表示该学生的考试成绩。我们的目标就是找到最优的参数 m 和 b,使得预测的成绩($mx+b$)与实际成绩 y 之间的平方误差最小。

1. 代数求解

(1)建立平方误差函数:我们的目标是最小化平方误差函数 E,即误差的平方和。平方误差函数可以表示为每个数据点的预测值与真实值之差的平方和,即

$$E = \sum (y_i - (mx_i + b))^2$$

其中,i 表示数据点的索引,$\sum$ 表示求和。

(2)求偏导数并令其为零:为了找到最小值点,我们需要对 E 关于参数 m 和 b 求偏导数,并令它们等于零:

$$\partial E/\partial m = -2\sum x_i (y_i - (mx_i + b)) = 0$$

$$\partial E/\partial b = -2\sum (y_i - (mx_i + b)) = 0$$

(3)解方程组:解上述方程组,得到 m 和 b 的值。这是使平方误差最小的线性模型(直线)的斜率和截距。

2. 迭代求解

(1)初始化参数:随机选择初始的参数值 m 和 b,或者使用某种启发式方法。

(2)计算误差:对于所有训练样本,使用当前的参数值计算所有输入样本的输出预测值与其真实值之间的误差和 E,即计算总平方误差。

(3)调整参数:使用梯度下降法,计算关于 m 和 b 的梯度,然后调整参数以减小误差。迭代步骤如下:

计算梯度:

$$计算 \partial E/\partial m = -2\sum x_i(y_i - (mx_i + b))$$

$$计算 \partial E/\partial b = -2\sum (y_i - (mx_i + b))$$

更新参数:

$$m = m - \eta \partial E/\partial m$$

$$b = b - \eta \partial E/\partial b$$

这里的 η 是学习率,控制参数更新的步长。

（4）重复迭代：重复第（2）步和第（3）步,不断调整参数并计算误差,直到达到某个停止条件,例如误差足够小或者迭代次数达到预定值。

（5）得出模型：一旦迭代完成,最终的参数值 m 和 b 就是使平方误差最小的线性模型的参数。

在模型中,学生的考试成绩预计等于 m 乘以他们每周的学习时间加上 b。因此,我们可以用这个模型来预测那些我们还不知道成绩的学生的考试成绩,也就是我们完成了该线性模型的求解。这就是最小平方误差算法的基本概念、工作流程和应用示例。

这个例子中的模型是一个简单的线性模型,最小平方误差也可以用于更复杂的模型,但是它的基本思想和目标是一致的,那就是找到一组参数,使得模型预测值和真实值之间的平方误差最小。

5.5.3 梯度下降

在上面的过程当中我们提到了梯度下降法。这是在任何学习问题中都避不开的方法,希望每一个读者都能够理解它。

我们可以把梯度下降想象成找到一座山的最低点的过程（图 5.12）。我们从山的某个位置出发,然后每次都沿着最陡的方向往下走,直到找到一个我们认为已经是最低点

图 5.12 梯度下降示意图

的地方。在该例子中,"山"可视为由所有可能的m和b组成的平面上的总平方误差。我们的目标就是找到这个平面上的最低点,也就是总平方误差最小的m和b。而总平方误差对m和b的梯度(也就是总平方误差关于m和b的偏导数),就是当前位置山"最陡"的方向。所谓的学习率η,就意味着你每次沿着这个方向所走的距离。

如果对梯度下降法进行细分,我们还会接触到批量梯度下降和随机梯度下降两个概念。

在批量梯度下降中,我们在每一步都计算所有样本的误差,然后根据这些误差来更新参数,5.5.2节的迭代求解中使用的就是这种算法。但是,如果我们有很多样本,批量梯度下降可能会非常慢,因为每一步都需要计算所有样本的误差。批量梯度下降的优点是它总是朝着总体误差最小化的方向下降。这意味着,尽管速度较慢,但它最终将稳定下来,并找到最小误差点。

与此相反,随机梯度下降每次只根据一个样本来计算误差并更新参数。这意味着随机梯度下降的每一步都非常快,无论我们有多少样本。然而,因为我们只使用一个样本,所以我们可能会错过总体误差最小化的方向。我们也可能会在最小误差点周围摆动,而不是直接达到。所以,虽然随机梯度下降速度快,但可能会导致最终的误差稍高一些,也就是说我们事实上可能只能得到"局部最优解",而不能保证找到"全局最优解"。

为了克服两种方法的缺点,我们通常使用小批量(mini batch)梯度下降,它结合了批量和随机梯度下降的优点。在小批量梯度下降中,我们不是使用所有样本,也不是使用一个样本,而是使用其中一小部分样本来计算误差和更新参数。这样,我们可以在计算速度和准确性之间找到一个理想的折中。

例如,假设我们有100个样本。批量梯度下降在每一轮优化过程中都会首先计算所有100个样本的预测误差,并以此误差来更新m和b。在随机梯度下降中,我们会首先输入第1个样本,计算其预测误差,求其梯度,并根据该梯度来更新参数m和b;然后输入第2个样本,计算梯度,并更新参数m和b;以此类推,依次输入这所有100个样本来更新参数,直至预测损失不再变化或变化很小。而在小批量梯度下降中,我们可能首先会根据前10个样本的预测误差来指导参数m和b的更新,然后根据第11到20个样本的预测误差来更新参数m和b;以此类推,每次都用一小部分样本来计算误差,并更新参数m和b。一般而言,经过折中后的算法,通常会有比批量梯度下降更快的速度和比随机梯度下降更小的误差。当然,这些只是梯度下降法中几个最基本的概念和方法,实际上梯度下降法还有很多的优化改进方案,这就要靠读者在后面的学习中自行探索了。

5.6　模式识别的中流砥柱——SVM

继对最小平方误差算法的探讨之后,我们将继续学习另一种在模式识别领域中极具影响力的线性分类器——支持向量机(Support Vector Machine,SVM)。SVM以其独特的分类策略和优异的性能,在处理复杂数据集时展现出了显著的优势。区别于最小平方误差算法注重最小化预测与实际结果之间的差距,SVM关注找到最优的决策边界,即最大化不同类别之间的间隔,从而增强模型的泛化能力。这种方法不仅有效提高了分类的准确性,还为非线性问题提供了富有洞见的解决方案。与我们之前学的优化准则相比,SVM不仅要将现有的训练数据分对,还要将现有的训练数据分得更好。SVM在数学上有着极其优美的证明过程,还能进一步地依靠核函数解决非线性问题,是一种应用范围非常广泛的分类器。

首先我们举个熟悉的例子来描述SVM分类器。还是分苹果和橙子的例子。这当然很简单,只需要拿起一根棍子,将它们分成两部分就可以了,这也是我们之前学习过的内容。然而,棍子的放法有很多种,似乎每一种都可以将两种水果分开,那么哪一种放法是最好的呢(图5.13)?

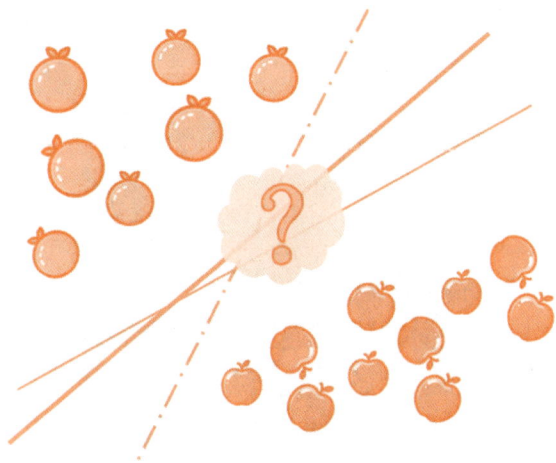

图 5.13　哪种放法可以最好地将两种水果分开?

SVM算法本质上就是在思考这个问题,它希望你让这根棍子离苹果和橙子都尽量远,换句话说,SVM认为同时离苹果和橙子的距离最远的摆放方式是最好的。SVM算法就是在找这根棍子最合适的摆放方式,尝试找到最大的"间隔",以最好地区分两类物体(在例子中是苹果和橙子)。

接下来,我们将一起探索 SVM 的历史、概念、原理以及实际应用。我们将尽可能少地使用公式和专业术语,更多地使用生活中的例子,以让大家更好地理解和享受学习过程。

5.6.1　SVM 的发展历程与创始人

在讲解具体的 SVM 算法之前,我们先来稍微追溯一下跟它相关的历史。SVM 这个词听起来可能非常新潮,但其实这个算法的历史要追溯到 20 世纪 60 年代。就像许多伟大的发明一样,SVM 的早期概念并不像现在这样完整或强大。

在 20 世纪 60 年代的苏联,有一位名叫 Vladimir Vapnik 的年轻科学家(图 5.14),他和他的同事 Alexey Chervonenkis 在莫斯科控制论研究所工作。当时的苏联与西方世界几乎完全隔绝,科学交流非常有限,然而这并没有阻挡 Vapnik 对知识的渴望和对科学的追求。Vapnik 和 Chervonenkis 共同致力于模式识别和统计学习理论的研究。他们不仅是同事,更像是志同道合的朋友。两人经常在工作之余讨论数学和统计学的各种问题,甚至会为了一个数学定理的证明争论到深夜。你可能听说过用于衡量模型复杂度和泛化能力的"Vapnik-Chervonenkis(VC)维度"这个概念,它就是由他们俩一起提出的。这一理论虽然在当时没有立即引起广泛关注,但它为后来支持向量机的诞生奠定了基础。

图 5.14　Vladimir Vapnik

1989 年，Vapnik 决定离开家乡，移居美国，加入了著名的 AT&T 贝尔实验室。这次转变对他的研究生涯产生了重大影响。在贝尔实验室，Vapnik 遇到了许多志同道合的科学家，其中包括 Bernhard Boser 和 Isabelle Guyon。他们三人一起合作，终于在 1992 年提出了支持向量机(SVM)的概念。Vapnik 在提出这一算法时，最初并没有想到一个合适的名字。他和同事们讨论了很久，最终决定用"支持向量"来描述那些对分类结果起关键作用的数据点。这些数据点就像是分类的"支柱"，支撑起整个分类模型。于是，"支持向量机"这个名字就这样诞生了。

支持向量机的核心思想是通过寻找一个能够最大化数据点之间间隔的超平面，从而实现对数据的最优分类。尽管这个方法在理论上听起来很美妙，但 Vapnik 发现，许多实际问题并不是线性可分的。于是，他引入了核技巧(Kernel Trick)，通过将数据映射到一个高维空间，期望使得在原始特征空间可能线性不可分的数据在高维空间中变得线性可分。这一突破性的方法极大地扩展了 SVM 的应用范围，使其能够解决各种复杂的分类问题。

据说有一次，Vapnik 在一次学术会议上遇到了一位对 SVM 实际应用持怀疑态度的研究人员。为了说服对方，Vapnik 当场拿出了一本关于 SVM 的手稿，详细讲解了其中的数学原理和实际案例，耐心地回答了所有问题。最终，那位研究人员被 Vapnik 的深厚知识和热情所折服，不再质疑 SVM 的有效性。这一事件也充分体现了 Vapnik 对自己研究的信心和深刻理解。

支持向量机自提出以来，对机器学习领域产生了深远的影响。它在文本分类、人脸识别和生物信息学等领域得到了广泛应用，许多经典的分类问题，如手写数字识别，都成功地采用了 SVM。Vapnik 的工作不仅在理论上取得了重大突破，也在实践中得到了广泛验证和应用。他因在统计学习理论和支持向量机领域的开创性贡献，获得了包括 ACM 图灵奖在内的多项荣誉。

5.6.2　SVM 的工作过程

接下来，我们来进一步了解支持向量机的核心部分——那些让 SVM 成为 SVM 的关键概念。

1. 支持向量与决策边界的基本概念

首先，我们来看看"支持向量"(图 5.15)。回顾之前所介绍的苹果和橙子的分类例子，你还记得那根棍子吗？支持向量其实就是那些离棍子最近的苹果和橙子，它们是支撑起整个分类系统的关键元素——就像建筑的基石一样。

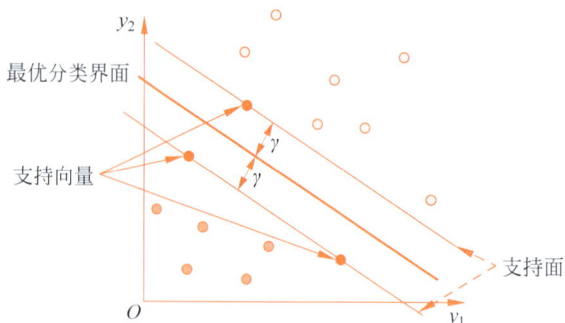

图 5.15　支持向量和最优分类界面示意图

想象一下，我们依然在那片苹果和橙子混合的空地上，你手中的棍子就是用来分类的工具。你要将这根棍子放在哪里呢？你可能想要将它放在离每种水果最远的地方，也就是离最近的苹果和最近的橙子都有最大距离的地方。这样做的好处是，如果有新的水果落下，你可以更准确地判断它是苹果还是橙子。这个过程，就是 SVM 寻找最优决策边界的过程。

在这个过程中，离棍子最近的那些苹果和橙子就成了"支持向量"。它们像是支撑起这个分类系统的关键点。如果没有它们，棍子的位置就无从确定。这就是为什么我们称它们为"支持向量"。

然后，我们来谈谈"决策边界"。在我们的空地中，那根棍子就是决策边界，它决定了苹果和橙子的分类。在找到支持向量之后，我们就可以轻易地把棍子放在两个支持向量的正中间，此时，棍子离两类水果的距离都最远，也就是最优分类界面。在真实的数据中，数据的特征可能不止两个（例如颜色和大小），可能有很多个。在这种情况下，你可以想象我们在一个多维的空间中，而棍子就变成了一个面或者一个超平面，它的任务依然是将不同的数据分开，而且要尽可能地远离每一类数据最近的点。

2. 工作原理

总的来说，SVM 的工作原理就是：通过寻找最优的决策边界，即那个能够最大化区分不同类别数据的"间隔"的边界，来进行分类。在这个过程中，"支持向量"就是那些离决策边界最近的数据点，它们是确定决策边界的关键。

究竟该如何找到离决策边界最近的数据点（也就是支持向量）呢？让我们回到之前的空地，那些苹果和橙子还在那里。为了找到最好的棍子摆放方式，我们可以用两根棍子。首先,将手里的棍子固定在某个方向,然后尽可能地把两个棍子分别往两边推,最终两根棍子会各自碰到两边的某个水果,此时,两根棍子之间的距离就是当前这个棍子方向上的"最大间隔"。显然,在二维空间中如果你将棍子的摆放方向旋转一圈,就可以找到这些苹果和橙子在所有方向上的"最大间隔",此时,两根棍子碰到的这些最近的苹果和橙子就是我们要找的"支持向量"。这就是线性 SVM 的工作方式。它尝试找到一条线,使得这条线离两类数据(在这个例子中是苹果和橙子)的最近点的距离最大。也就是说,这条线既不能太靠近苹果,也不能太靠近橙子。这就是"最大间隔"原则。通过找到最大间隔,我们可以更好地区分数据类别,从而更准确地进行分类。不过,现实中的问题可能会比这个例子复杂得多,但无论问题有多复杂,SVM 的核心思想都是相同的,即寻找最大间隔,进行最优分类。

下面结合数学表达来更深入地理解 SVM 的原理和工作机制。在上述例子中,我们试图找到一条直线,也就是决策边界,这条直线离最近的苹果和橙子(即支持向量)有最大的距离,也就是间隔最大。数学上,我们用线性判别函数来表示这条直线:$g(x) = w^\mathrm{T} x + w_0$,其中 w 是权重向量,x 是输入特征向量,w_0 是偏置项。如图 5.15 所示,我们的目标是最大化间隔 γ。这个距离 γ 和线性判别函数直接相关,正比于 $1/\|w\|$,也就是权重向量 w 模的倒数。所以,SVM 的优化目标是找到一个合适的 w 和 w_0,使得间隔 $1/\|w\|$ 最大,同时所有的数据点都要在最大间隔区域的外侧。

最终,我们将 SVM 的求解转换为一个带间隔约束的优化问题,即我们要找到一个最优解,这个解使得目标函数(即间隔)最大。对于这个优化问题,一般使用拉格朗日乘子法来求解。这个方法可以帮助我们找到满足约束条件的最优解。但这个方法比较复杂,需要一些数学知识才能理解。所以在这里,我们只需要知道,我们的目标是找到一个最大间隔,同时使所有的数据点都被正确地划分在最大间隔区域的外侧就可以了。

3. SVM 的松弛求解

前面我们说,SVM 试图找到一条线(在高维空间中是平面或者超平面),也就是一个决策边界,将不同类别的数据分隔开。理想情况下,这条线应该尽可能地远离所有类别的数据点,这就是所谓的最大间隔分类。但在现实中,数据往往是混杂的,不可能找到一个可以完全分隔开所有数据点的完美超平面,也就是说"部分"数据有可能不是线性可分的。

这时候就需要引入松弛变量和软间隔的概念。所谓松弛变量,就是为了解决"部分"离群点数据导致的线性不可分问题,我们允许一部分数据点出现在最大间隔区域的内侧,甚至在超平面的错误一侧。我们将这些数据点到正确的分类边界之间的距离,称为松弛变量。

在引入松弛变量后,SVM 的优化目标就变成了两部分:一方面,我们还是希望找到最大的间隔;另一方面,我们也希望尽可能地减少松弛变量,也就是减少分类错误的情况。这就需要引入一个权衡因子,或者说是惩罚因子 C,来调和这两个目标。C 值越大,表示我们越不愿意接受分类错误,也就越希望减少松弛变量,这时模型可能会过拟合;反之,C 值越小,表示我们对分类错误更加宽容,更希望找到一个宽松一些的间隔,这时模型可能会欠拟合。在实际应用中,C 值通常是通过交叉验证等方法来进行选择的。关于过拟合、欠拟合和交叉验证,你可以在第 7 章找到更详细的解释。

现在,让我们用一个足球比赛的场景来理解松弛变量和软间隔(图 5.16)。假设你是一名足球教练,你的任务是在训练场上设立一条线,把你的球员(训练数据)根据他们站的位置分成两队。理想情况下,你希望这条线可以完全把两队的球员分开,这就像 SVM 试图找到一个可以完美分类所有数据的超平面一样。

图 5.16 足球场上的松弛变量和软间隔

然而,现实情况是,球员们在场上跑动,有时他们会越过这条线,也就是说,数据并不是完全线性可分的。这时,你就需要设定一个"安全距离"或者说是一个"缓冲区",允许球员们在这个范围内移动,而不会被判定为"犯规"。这个"缓冲区"就相当于 SVM 中的"软间隔"。

为了衡量"犯规"的严重程度,于是引入一个"罚分"系统。轻微的犯规(比如说只是轻微越过线)罚分少,严重的犯规(比如说跑到了另一队的区域)罚分就多。这些"罚分"就相当于 SVM 中的"松弛变量",该变量衡量了数据点距离他们应该在的分类边界的距离。

最后,你的目标是找到一条线,使得"犯规"最少(也就是松弛变量最小),同时又让两队的球员尽可能地分开(也就是间隔最大)。这就是 SVM 的目标,而且这个问题可以通过数学优化方法来求解。

通过求解包含松弛变量和惩罚因子的优化问题,可以得到 SVM 的最优解,也就是最终的分类超平面和支持向量(最靠近超平面的数据点)。这就是 SVM 的松弛求解。

5.6.3 非线性 SVM:核函数与非线性分类

大家可能已经注意到,目前我们学到的 SVM 仍然是一个线性分类器,对于那些不能通过一条直线或简单的平面完全分开的数据(也就是线性不可分的数据),其分类效果并不理想。这个时候,我们就需要进一步升级我们的工具箱,引入一种称为"非线性 SVM"的技术。

非线性 SVM 背后的思想仍然是找到一个最优的决策边界,但这次,这个边界不再是一条直线,而可能是一条曲线,甚至是一个曲面。为了实现这个目标,需要引入一个重要的工具:核函数。

核函数的本质,其实是将原本线性不可分的数据映射到更高的维度空间,即将低维度空间线性不可分问题转变成一个高维度空间的线性可分问题。我们可以在更高的维度空间,用之前求解线性 SVM 的方式得到高维度空间中的线性分类器,再还原到低维度成为一个非线性分类器。

你可以想象现在我们不再是在一个平坦的空地上,而是在一个起伏的山谷中。在这个山谷中,苹果和橙子不再是均匀分布的,而是在各种各样的位置上。这个时候,我们可能需要找到一个能够贴合地形,同时将苹果和橙子分开的路径。这个路径就像是非线性决策边界。

核函数的概念有些抽象,在上述例子中核函数扮演了一个"魔法"般的角色。它将数据从一个复杂的形状变换到一个我们可以更容易观察和理解的形状。这就像我们找到了一个特殊的眼镜,当我们透过这个眼镜看山谷时,苹果和橙子就好像被某种力量拉开,变得更容易分开了。

让我们再尝试另一个更直观的例子。

假设你正在做一个研究,你需要将两种不同类型的动物分开:猫和狗。你在一片广阔的草地上看到了这两种动物,但是问题来了,这些猫和狗是混在一起的,没有明显的边界可以将它们分开。那么该怎么才能很好地将它们区分开呢?

你决定让这些猫和狗跳到空中抓住一个飞盘。你注意到,狗的跳跃能力有限,而猫往往可以跳到更高的高度。这时,你可以把这个跳跃的高度看作一个新的维度,我们就将这个二维问题转换成了三维问题。在这个新的三维空间中,你发现,猫和狗可以被一个距离地面某个高度的平面给轻松分开,我们可以认为跳起来高于这个平面的就是猫,而跳起来仍然低于这个平面的就是狗(图 5.17)。

图 5.17　在三维空间中区分猫和狗

在这个例子中,我们通过添加一个新的维度——跳跃的高度,将原来在二维空间中难以分开的数据转换成了在三维空间中可以轻易被分开的数据。这就是核函数的核心思想:它将数据从原来的空间映射到一个更高维度的空间,使得原本难以被分开的数据在新的空间中变得可以被分开。

这个例子虽然简单,但希望它可以帮助你理解核函数的工作原理。在实际的机器学习问题中,核函数可以将数据映射到很高的维度空间,甚至是无限维度的空间,从而解决非线性的分类问题。正如大家所想,对于在原始特征空间线性不可分的数据,至少存在一个高维空间是可以将它们分开的。

核函数的种类有很多,比如线性核函数、多项式核函数、高斯核函数等。不同的核函数有不同的特点,适用于不同的数据。选择合适的核函数,就像是选择合适的高维空间,能让我们更准确地看到数据的真实情况。

5.6.4 优化和调整 SVM:超参数和核函数的选择

你现在应该理解了,求解 SVM 分类器的过程就是通过输入训练数据,计算目标损失,找到能够使得优化目标(也就是最大间隔)最优的参数的过程。然而,在这个过程当中,我们还会遇到一些模型参数,它们并不是通过模型训练或优化学习得到的,而是我们提前设置好的,这类参数被称为超参数。调整这些超参数可改变 SVM 的行为,使 SVM 在某些问题上表现得尽可能好。在 SVM 算法中,松弛求解中的惩罚因子 C 和核函数及其相关参数的设置对 SVM 的表现有着较大影响。

在 SVM 的松弛求解中我们提到过,C 是一个惩罚因子,体现的是对误差的宽容程度。在 SVM 算法中,C 值越大,对误分类的惩罚程度就越大,进而避免错误的分类。换句话说,C 值越大,就越不能容忍出现差错,算法会更加努力地找到一个完全正确的分类边界,其目标就是找到一个对训练集分类精度最高的超平面,即使这个超平面的泛化能力较差。反之,如果 C 值设定得较小,意味着为了找到一个更大的间隔,算法可以容许一些误差,可能会接受一些样本被分类错误。此时的分类超平面看起来似乎并不完美,但是该分类超平面在实际应用中往往表现出更好的泛化性能,即在对未知数据的分类任务上表现得更好。

核函数的选择也十分重要。不同的核函数适用于不同的问题,会产生不同的结果。一些常见的核函数包括线性核函数、多项式核函数和径向基函数(RBF)等。同时,每个核函数本身也会包含一些超参数,这些超参数的选择同样会影响分类器最终的结果。以 RBF 为例,其形式为

$$K(x,y) = \exp(-\gamma \times \| x - y \|^2)$$

这里的 γ 是一个重要的参数,控制着核函数的宽度。如果 γ 较大,那么 RBF 核函数的形状会更尖锐,也就意味着每个样本对决策边界的影响范围更小;反之,如果 γ 较小,那么 RBF 核函数的形状更宽,也就意味着每个样本对决策边界的影响范围更大。

你可以将 γ 想象成一只手电筒的聚光能力(图 5.18)。如果把手电筒的聚光调得很大(大 γ 值),此时只能照亮很小一部分地方,但是照亮的地方很亮。这就像是我们的模

型只看着那些非常接近决策边界的样本,忽略了远离边界的样本。相反,如果把手电筒的聚光调小一些(小 γ 值),此时手电筒照亮的区域将会更大,但照亮的地方就不那么亮了。这就像我们的模型考虑了更多的样本,包括那些离决策边界较远的样本。从最后的分类决策边界来看,如果 γ 大,那么决策边界往往会更加复杂,当然便可以适应更复杂的数据分布。如果 γ 小,那么决策边界会比较简单,更像一条直线或者一个平面,此时的模型泛化性能较好。

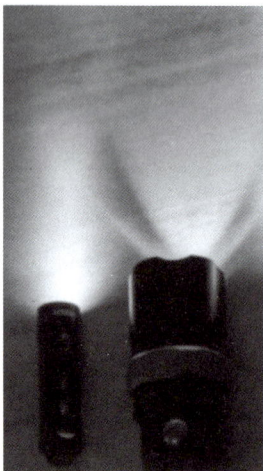

图 5.18   聚光的手电筒

当然,你也可以选择其他核函数,具体选择哪个核函数取决于你的数据。调整超参数和选择核函数(以及它们的参数)需要一些尝试和实践。你可能需要尝试不同的参数和核函数,看看哪些参数和核函数可以使 SVM 算法在你的数据上表现得最好。这个过程可能需要一些时间,但是通过这个过程,你可以更真切地感受到 SVM 与数据任务的关系,这对理解机器学习和解决实际问题非常有帮助。

5.6.5   关于 SVM 的一些讨论

SVM 可以应用在很多具体的场景,比如我们在运营一个新闻网站,希望自动将新闻文章分类到不同的板块。一种简单的做法是将每篇文章看作一个高维向量,该向量的每个元素代表一个特定的词语在文章中出现的频率或者权重,以此将新闻文章的分类问题转换为数据分类问题。对于这类高维数据的分类问题,SVM 可以有效地处理,并且通过选择合适的核函数(比如线性核函数或者 RBF 核函数),可以达到很好的分类效果。再如,我们可以训练一个 SVM 模型来区分正常邮件和垃圾邮件,只需要根据邮件内容中出现的特定词语或者短语(例如"免费""点击这里")来为每封邮件生成一个特征向量,再根据训练数据得到相应的模型。SVM 在这类文本分类问题上的性能表现往往也非常优秀。

总的来看,SVM 具有很多优点。

- 有效处理高维数据:SVM 在处理高维空间的数据上有出色的表现。即使在数据维度大于样本数量的情况下,它也能有效地进行处理。

- 适合处理非线性问题:通过使用核函数,SVM 可以有效处理非线性问题。它可以选择不同的核函数,如线性核函数、多项式核函数、径向基函数(RBF)等,处理各种复杂分布的数据分类问题。

- 泛化能力强:由于决策边界是由支持向量决定的,因此 SVM 对噪声数据和异常值具有很强的鲁棒性。通过对惩罚因子的调整,SVM 的泛化能力可以比许多其他算法更好。

当然,值得注意的是,SVM 也有着很多局限。

- 对参数敏感:SVM 的性能高度依赖参数的选择,比如惩罚因子 C 和核函数的参数。选择不恰当的参数可能会导致过拟合或者欠拟合,实际应用时需要使用如网格搜索、交叉验证等技术进行参数调整。

- 计算量大,不适合海量数据的处理:当数据集非常大时,SVM 的训练过程可能非常耗时。因为其训练复杂度与数据量的二次方或三次方成正比。

- 可解释性弱:SVM 本质上还是一个二分类的算法,本身不能直接输出概率预测,虽然可以使用 Platt 缩放(Platt Scaling)或者其他方法进行概率度量,但计算成本较高。

综上,尽管 SVM 具有强大的分类能力和优良的泛化性能,但它也有一些明显的缺点,如处理大规模数据和非线性问题的能力有限,超参数选择和核函数选择需要经验和技巧。然而,正是这些挑战,吸引着许多学者不断地去研究和改进 SVM。例如,可将 SVM 训练过程分解到多个服务器上,利用分布式计算资源来解决 SVM 在处理大数据集时的复杂度问题;也可以与深度学习融合,利用其强大的特征学习能力来提升性能;设计新的核函数来处理特定类型的数据,或者提出新的优化方法来加快训练速度等。

5.7　多分类问题的解决策略

由于线性判别函数是一条直线(在二维空间中),它显然只能轻松地将空间划分成两部分而不是更多,因此线性分类器更适合用来处理二分类问题。但是,在我们日常生活中,很多分类问题都不是简单的二分类问题,而是多分类问题。例如,天气不仅只有晴天或雨天,可能还有雪天、阴天、多云天等(图 5.19)。这样的天气预测问题就是多分类问题。

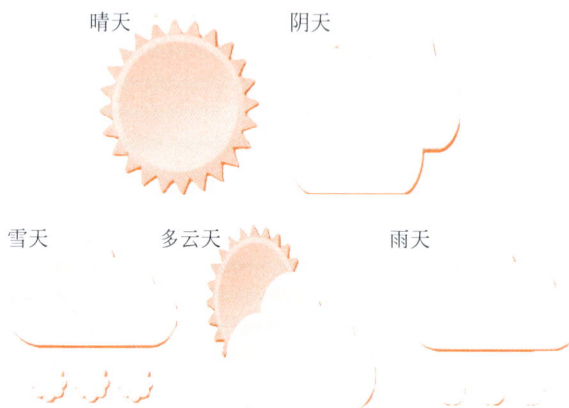

晴天　　　　阴天

雪天　　　多云天　　　雨天

图 5.19　预测天气的多分类问题

那该怎么处理多分类问题呢? 实际上,前面所介绍的线性分类器也可以处理多分类问题,只是需要做一些变通(改进)。这里,我们将简单介绍一对多、一对一和最大值可分这三种处理多分类问题的常见策略。现在,我们还是以预测天气为例来讨论这些策略是如何应用的,假设现在的任务是预测 5 种天气,分别为晴天、雨天、雪天、阴天和多云天。

1.　一对多策略

在这个策略中,需要对每一类天气都训练一个分类器。例如,对于晴天,我们训练一个分类器去区分"晴天"和"非晴天",同样,我们对于雨天、雪天、阴天、多云天也分别训练一个分类器去区分"雨天"和"非雨天","雪天"和"非雪天","阴天"和"非阴天","多云天"和"非多云天"。也就是说,对于含有 5 种天气情况的天气预测问题,我们需要训练 5 个线性分类器。我们把每一个新的待预测的天气特征向量输入这 5 个分类器中,如果哪一个分类器认为它是正类,且其他分类器都认为它是负类(例如,"晴天"分类器认为它是

"晴天","雨天"分类器认为它是"非雨天","雪天"分类器认为它是"非雪天","阴天"分类器认为它是"非阴天","多云天"分类器认为它是"非多云天"),此时,该特征向量就会被预测为"晴天"类别。

　　这种做法虽然非常简单,但是你很快会发现一个问题,5个分类器是各自预测了一个结果,不会总是出现一个分类器是正类,而其他分类器都是负类的情况。事实上,两到三个分类器判定是正类,而剩下的分类器判定为负类是一种更常见的情况。这个时候,我们这种策略就失效了,分类器会拒绝给出这个样本的结果,即拒识。显然,这种方法虽然简单易行,可以对明显属于某一类的样本进行分类,但是同时也会拒识大量的样本,对识别率有着比较大的影响。

2. 一对一策略

　　这个策略是对每一对类别训练一个分类器。例如,我们会训练一个分类器去区分"晴天"和"雨天",另一个分类器去区分"晴天"和"雪天"等,如果共有5个待分类类别,则共需训练10个分类器($5 \times (5-1)/2$)。对于一个新的带预测的天气特征向量,我们同样把它放入这10个分类器中,如果它在某一个类别相关的分类器中都被识别为该类(例如"晴天雨天"分类器认为它是"晴天","晴天雪天"分类器认为它是"晴天","晴天阴天"分类器认为它是"晴天","晴天多云天"分类器认为它是"晴天"),这个特征向量就会被预测为"晴天"类别。

　　也许你凭直觉能够感受得到,这样的策略比起上一种来说,样本拒识的可能性小了很多,事实也确实如此。然而,你会发现它仍然存在一些拒识的情况,比如某个特征向量被和晴天相关的四个分类器判定为三个晴天和一个其他天气。

3. 最大值可分策略

　　在这种策略中,我们不再为每一对类别或每一个类别单独训练分类器,而是直接训练一个多类别分类器。这个多类别分类器有c个判别函数,每个判别函数对应一个类别。在天气预测的例子中,我们会训练一个分类器,这个分类器有5个判别函数,分别对应"晴天""雨天""雪天""阴天""多云天"。每个判别函数都会给出一个得分,这个得分表示模型认为给定的天气特征向量属于该类别的强烈程度。为了预测一个新的天气特征向量,我们把它输入分类器中,然后计算每个判别函数的得分,并选择得分最高的那个类别作为最终的预测结果。如果某两个类别的得分相同,可以判定为其中任意一个类别。这就是所谓的最大值可分策略。在最大值可分策略中,每个输入的特征向量都可以被分类,没有被拒识的情况。

现在,你应该对多分类问题的解决策略有一个大概的认知了。当然,这三种策略除了上面提到的拒识问题外,也有一些别的优缺点。

（1）对于一对多策略来说,它只需要训练 K 个二元分类器,其中 K 是类别的数量。如果分类任务的类别特别多,这种方法计算量相对较少。但是这种策略存在类别不平衡问题,因为在训练某类别的二元分类器时,"此类别"的训练样本数量一般会远远少于"非此类别"的训练样本数量。

（2）对于一对一策略而言,它避免了类别不平衡问题,因为它对每一对类别进行分类。但是该策略需要训练 $K\times(K-1)/2$ 个分类器。当类别数特别多时,需要训练的分类器的数量会非常多,这将需要大量的计算资源。

（3）在实践中,最大值可分策略的主要优点是它的效率较高。它只需要训练一个分类器,而不是多个,这在处理大规模多分类问题时尤其重要。此外,由于它一次性考虑了所有类别,最大值可分策略有可能捕捉到类别之间的复杂关系,这是一对一和一对多策略可能无法做到的。然而,如果一些类别的样本数量远多于其他类别,那么分类器可能会偏向这些类别,导致对其他类别的预测性能下降。此外,如果类别间的区分界限非常复杂,那么最大值可分策略可能无法很好地处理,因为它通常假设数据在某种程度上是线性可分的。

5.8　本章小结

在本章中,我们深入探讨了线性分类器的基本概念与实际应用,从基本的线性判别函数入手,深入到线性分类器如何在特征空间内通过一个决策边界进行数据分类。线性分类器原理简洁、应用直观,仅需计算输入特征和模型权重参数的线性组合值即可得到数据点的分类类别。

在求解线性分类器的方法中,我们讨论了感知器算法和最小平方误差算法这两种基本的线性分类方法。感知器算法是一种迭代式学习方法,它根据分类错误损失逐步调整权重,简洁直观,但只适用于完全线性可分的数据分类任务。相对地,最小平方误差算法通过最小化预测输出与目标值之差的平方和来寻找最优权重,该方法适用于数据线性不可分的场景,但最小平方误差对异常数据较为敏感。这主要是因为异常数据的预测输出与目标值之间往往具有较大的误差,而最小平方误差的损失计算方式会进一步放大这种预测误差,进而让模型优化时过于关注该异常数据的分类情况,可能会造成模型过拟合问题。

　　线性分类器面临的挑战显而易见。许多实际问题中的数据集并非线性可分,这就要求模型具备处理更复杂分类情况的能力。对于线性不可分的问题,本章介绍了如何通过将数据映射到更高维度的空间来实现线性可分,这种方法在支持向量机(SVM)等高级模式识别技术中得到了广泛应用。此外,当面对具有多个类别的复杂分类问题时,线性分类器需要适当扩展以适应多分类决策任务。

　　维数灾难是一大挑战,即当特征数量远超样本数量时,可能导致模型过拟合和计算复杂度剧增。要解决这个问题,第 2 章提到的主成分分析(PCA)和线性鉴别分析(LDA)是很有效的工具,它们可以通过特征抽取的方式来降低特征的维度,以减少数据的复杂性(或者说冗余信息)。

　　通过本章的学习,你应该能够掌握线性分类器的基本理论和实践操作,并且理解它在现代模式识别技术中的地位和解决现实世界问题中的局限性。这些知识的掌握将帮助你进一步学习更复杂的模式识别方法,如第 6 章要讲的神经网络和深度学习。

第6章

打开深度学习的大门
——神经网络

2018年,深度学习领域的三位领军人物——Yoshua Bengio、Geoffrey Hinton 和 Yann LeCun(图6.1),被授予了图灵奖——计算机科学领域的最高荣誉。这一事件是一个重要的里程碑,标志着深度学习的崛起和其对现代科技的影响。2024年,Geoffrey Hinton 和 John Joseph Hopfield 共同获得了科学领域的最高荣誉——诺贝尔物理学奖,再次证明了深度学习在现代科技中的核心地位和巨大潜力。这一里程碑事件不仅彰显了深度学习的深远影响,也预示着该技术将在未来的创新中扮演关键角色,加速社会各领域的智能化进程。

(a) Yoshua Bengio　　(b) Geoffrey Hinton　　(c) Yann LeCun

图 6.1　深度学习领域的三位领军人物

事实上,Geoffrey Hinton 早在20世纪80年代就开始研究神经网络和深度学习,但由于当时受到计算机算力的限制,并未得到广泛认可。20世纪90年代至21世纪初,这段时间也被称为"AI冬眠"期,其间很少有研究者在深度学习领域工作。但是 Geoffrey Hinton 坚信深度学习的潜力,多年来一直在坚持研究,最终在2012年的 ImageNet 竞赛中取得了突破性的胜利，将深度学习带入了主流。

他们的工作开启了新一代的神经网络技术，让计算机能够从数据中自动学习，就像人类从经验中学习一样。这三位科学家的工作以及他们在神经网络领域的贡献，进一步引发了深度学习的革命。他们的研究使得我们可以通过模拟人类大脑的工作方式，让计算机自动学习和理解复杂的模式和数据，自动挖掘数据中的关联信息，提升计算机的智能水平。大家生活中接触到手机面部解锁、面部支付、歌曲智能推荐、抖音短视频推荐、以"萝卜快跑"为代表的无人驾驶汽车等应用中，深度学习都起到了关键的作用。

神经网络是深度学习的核心，它的本质是对问题进行线性变换，然后通过非线性激活函数引入非线性，从而能够处理更加复杂的数据和任务。在神经网络中，每一层都包含多个神经元（或节点），这些神经元将输入数据进行线性组合，然后将结果传递给激活函数。激活函数的作用是引入非线性，使得神经网络可以学习和表示复杂的数据关系。举例来说，对于一个简单的前馈神经网络，输入数据首先和权重矩阵相乘，该过程可视为输入数据与网络参数的线性组合；然后，通过应用激活函数（如 ReLU、Sigmoid 或 Tanh），将线性变换的结果映射到非线性空间。这个过程在每一层都会重复，不断地提取和组合数据中的特征。这种线性变换和非线性激活的组合使得神经网络能够适应从图像、文本到声音等各种类型的数据。增加神经网络的深度（层数）和宽度（每层的神经元数量）可以让它表示极其复杂的函数，这使得神经网络成为处理大规模数据和解决复杂问题的强大工具。下面，我们先用一个简单有趣的比喻来帮助大家理解神经网络的工作，后面我们会再次详细地拆解神经网络中的重要概念和工作过程，帮助大家加深理解。

你可以把神经网络想象成一家繁忙的餐厅（图 6.2）。神经元是神经网络中的基本构成单元，就像餐厅中的厨师，他们需要处理各种各样的原材料（也就是输入数据），并根据菜谱（也就是模型参数）来做出美味的菜肴（也就是输出数据）。

神经元之间的连接关系就像厨师之间的协作关系。有些厨师可能需要根据其他厨师的工作来进行自己的工作，比如，一个厨师负责切菜，另一个厨师负责炒菜。这就是神经元之间的连接关系，也就是说，一个神经元的输出可能会成为另一个神经元的输入。

每个神经元的工作方法就是它的模型参数。这些参数就像厨师的菜谱，告诉厨师应该如何处理输入数据。比如，切菜的刀法，决定了厨师如何处理原材料；而调味料，可以改变菜的味道。经过多个厨师的配合，就可以做出更加符合我们需求的菜肴。

图 6.2　一家繁忙的餐厅

神经网络的学习就像一群厨师的训练过程。开始的时候,厨师可能不知道如何做出美味的菜肴,但是通过不断地实践和反馈(也就是训练集的预测损失),他们会逐渐调整自己的刀法和调味料,使得菜肴的味道更加符合顾客的口味。这就是神经网络的学习过程,通过调整权重和偏置,使得网络的输出更加符合我们的预期。你甚至还可能发现,一个高品质西餐厅里的厨师团队,如果让他们做中餐的话可能往往做得并不理想。这当然很好理解,因为他们并不熟悉中餐的烹饪技法和调味料,如果想吃中餐,去另一家中餐馆会比较好。这也就是为什么说同一个神经网络无法解决所有的问题,想要吃到各式佳肴(解决各种不同的问题),就需要不同的神经网络来完成。

在真实的生物神经网络中,神经元的数量和连接关系是会变化的,就像餐厅可能会雇佣更多的厨师,或者改变厨师之间的协作关系。但是在人工神经网络中,我们通常在开始的时候就确定了神经元的数量和连接关系,然后通过调整每个神经元的参数来进行学习。

神经网络的学习可以是有监督的,也就是说,我们告诉厨师我们想要什么样的菜肴(这就是标签数据),然后让厨师尝试做出这样的菜。也可以是无监督的,也就是说,我们只给厨师原材料,让他们自己尝试去做出美味的菜肴。不过由于神经网络的复杂性,无监督学习的算法通常比较难以取得好的效果。因此,目前应用中主要还是有监督学习,就像在餐厅里,我们通常会告诉厨师我们想吃什么,而不是让他们自己去决定。神经网络的目标就是通过学习,找到最适合做出美味菜肴的刀法和调味料等烹饪菜谱。

所以,一个神经网络可以看成一家繁忙的餐厅。它由很多个厨师(神经元)组成,每个厨师都有自己的烹饪菜谱(模型参数)。他们根据原材料(输入数据),通过协作,最终做出美味的菜肴(输出数据)。而神经网络的学习就是通过调整每个厨师的菜谱,使得菜肴的味道更符合我们的口味。

现在,你一定对神经网络有了一个大致的理解,下面,就让我们从最基本的神经网络构造开始,逐步揭开神经网络的神秘面纱吧。

6.1 神经网络的基础——神经元

我们说神经网络具有自我学习的能力,这源于其中的一个关键构造,那就是神经元。神经元是构建人工神经网络的基础。人工神经网络一般包括多层神经网络,而每一层神经网络又由多个神经元组成,每一层都执行特定的任务,比如特征提取或者决策制定。

我们可以把神经元理解为接收和处理信息的节点。比如在图像识别中,神经元可能被用来识别边缘、颜色、形状等元素。这些元素信息从一层神经元传输到下一层,一直到完成最终的分类或者决策。

6.1.1 生物神经元和人工神经元

人工神经元的想法其实就来源于我们的生物神经元。因此要理解人工神经元,我们可以先来看一下生物神经元是如何工作的。生物神经元是大脑和神经系统中的基本单元(图 6.3)。它们类似信息处理器,负责接收、处理和传递信息。生物神经元的外形有点像树,树根部分称为树突,负责接收信息;而像树干一样的部分称为轴突,它会将信息传输到下一个神经元。神经元之间的接触点被称为突触,就像一个交通路口,负责信息的传递。当神经元接收到来自其他神经元的信息时,这些信息会被传递到树突上。如果接收到的信息强度足够高,就会"激活"神经元。一旦神经元被激活,动作电位将沿着神经元的轴突迅速传播。这种传播方式类似火箭从发射台冲出,快速而高效。动作电位到达轴突末端后,会导致神经元释放化学物质,称为神经递质。神经递质是神经元之间通信的媒介。它跨越突触间隙,到达下一个神经元的树突。这样,信息从一个神经元传递到另一个神经元,形成了神经网络。

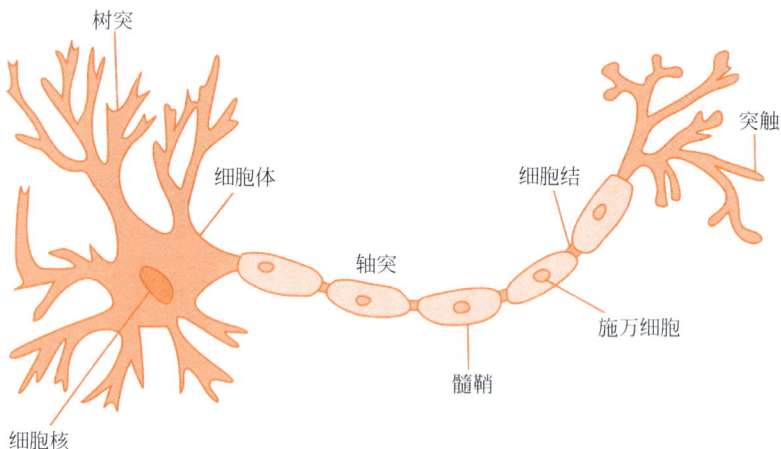

图 6.3　生物神经元

　　神经网络中的连接模式和神经元的激活模式共同决定了信息的处理和传递过程。通过这种复杂的网络相互作用,我们能够感知世界、作出决策,并执行各种行为。也就是说,生物神经元通过激活和动作电位的传播来处理信息,并通过神经递质在神经网络中传递信息,从而实现大脑和神经系统的功能。

　　现在,让我们回到人工神经元。尽管它们在结构上简单得多,但是模拟了生物神经元的基本功能。人工神经元和生物神经元都是接收、处理,然后传递信息的核心单元。人工神经元接收一组输入,然后对这些输入进行加权求和,如果总和超过了某个阈值,神经元就被激活,输出一个信号;否则,它就保持静默。

　　这个过程有点像你平时作决定一样。比如你在决定是否去看电影(图 6.4)。你可能会考虑许多因素,比如你有多喜欢这个电影、你有多少空闲时间、电影票的价格等。每个因素都会有一个权重,根据你个人的喜好和状况,这些权重会有所不同。然后你会综合考量所有因素,比如总和超过了设定的阈值,那么你就决定去看电影;否则,你就决定待在家里。

　　人工神经元就是这样工作的,它们模拟了大脑中神经元的这种处理信息和决策的方式,是大脑神经元的一个极简模型。虽然这个模型比生物神经元简单,但是当大量的人工神经元联结在一起时,就能形成复杂的网络,实现强大的学习和处理能力。

图 6.4 决定是否去看电影

6.1.2 激活函数

在刚才的讨论中，我们提到了一个关键概念，那就是神经元的"激活"。这个概念源自生物神经元的工作机制，其中突触传递的信号会引发神经元的电位变化，如果电位超过了一定的阈值，神经元就会被"激活"，并向其他神经元发送信号。在人工神经元中，通过一个激活函数来模拟这种行为（图 6.5）。

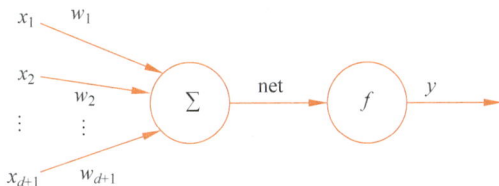

图 6.5 人工神经元模型和激活函数

用一个神经元的工作过程来模拟刚才看电影的例子，如果这个神经元有多个输入 $x_1, x_2, \cdots, x_{d+1}$（你作出决策的各种因素）和一个输出 y（你最终是否去看电影），输入数据的每个特征元素都对应一个神经元权值 $w_1, w_2, \cdots, w_{d+1}$（各种因素在你心中的权重），输入数据与神经元权值加权求和产生净输入 net，然后由激活函数 f 映射产生输出 y。用数学公式可以表示为

$$\text{net} = \sum_{i=1}^{d+1} x_i w_i = \boldsymbol{w}^{\mathrm{T}} \boldsymbol{x}, \quad y = f(\text{net}) = f(\boldsymbol{w}^{\mathrm{T}} \boldsymbol{x})$$

可以看到,激活函数在人工神经元的工作过程中扮演着非常重要的角色,是它们最终决定了该神经元是否应该被激活(是否去看电影)。也意味着,在神经网络中,每一个神经元对应的激活函数决定了该神经元是否应该向下一个神经元发送信号。激活函数有点像一个守门人,它将决定是否让一个信号进入下一个神经元。

激活函数有多种,一个常用的激活函数是 Sigmoid 函数。这个函数的特点是,它可以将任何输入映射到 0~1。因此,当神经元的输入信号总和超过了一定阈值时,Sigmoid函数会输出一个接近 1 的值,这就相当于神经元被"激活";反之,如果输入信号总和较小,Sigmoid 函数会输出一个接近 0 的值,这就相当于神经元处于"未激活"状态。这种激活机制的好处就是引入非线性,非线性使得神经网络能够学习并处理复杂分布的模式。如果没有非线性激活函数,无论神经网络有多少层,它都只能处理线性问题,这大大限制了它的功能。

6.1.3　几种典型的激活函数

现在,你一定认识到了激活函数在整个神经网络中的重要作用。如果把激活函数拟人化,那在神经网络的世界里,激活函数就像魔术师一样,每一个都有它们独特的魔法和特色。接下来,让我们一起了解以下几种典型的"魔术师"吧。

首先,介绍一位被誉为"经典的"魔术师——Sigmoid 函数(图 6.6)。之所以经典,是因为 Sigmoid 函数在整个实数域内都是光滑且连续的函数。它的平滑性使得在计算梯度时更容易处理,这对梯度下降法等优化算法特别有利。同时,Sigmoid 函数在所有点都是可导的,这使得基于梯度的优化算法可以用来训练神经网络。Sigmoid 函数还有一个非常好的特性,它的取值范围为 $(0,1)$,也就是说,它可以把任何数值映射到 $(0,1)$,可视为分类概率,这使得它在处理二分类问题时非常有效,且让网络的预测输出值具备一定物理意义。然而,Sigmoid 函数也有一些弱点,其中一个主要问题是"梯度消失"的现象。在 Sigmoid 函数的两端,梯度接近零,导致在深层神经网络中,反向传播过程中的梯度可能会变得非常小,难以有效地训练深层网络。

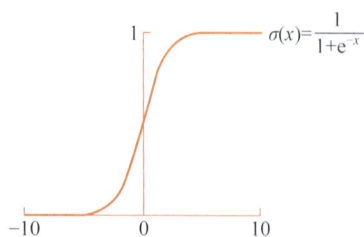

图 6.6　Sigmoid 函数

$$\sigma(x) = \frac{1}{1 + e^{-x}}$$

其次,介绍 Tanh 函数,也就是双曲正切函数(图 6.7)。它是 Sigmoid 函数的亲戚,但是 Tanh 函数的输出范围为(−1,1),相比 Sigmoid 函数的(0,1),Tanh 函数在原点附近是零中心化的。这意味着 Tanh 函数在数据处理时,更容易处理具有正负方向的信息。但是,它也同样存在梯度消失的问题。

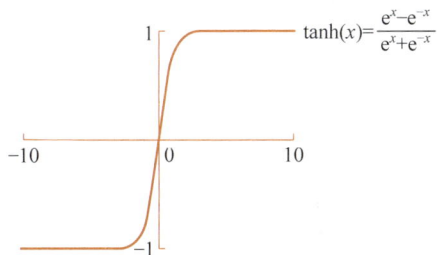

$$tanh(x)=\frac{e^x-e^{-x}}{e^x+e^{-x}}$$

图 6.7 Tanh 函数

然后,介绍一位"硬汉"——ReLU 函数,也就是线性整流单元(图 6.8)。ReLU 函数非常简单,对于所有正数,它就直接输出这个数的原值,对于所有负数,它就输出 0。因为这个特性,ReLU 函数在大部分情况下的梯度都不会消失,这使得它在神经网络的训练过程中学习速度较快。但是,ReLU 函数也有一些弱点,比如当输入值为负数时,ReLU 函数的梯度就变为 0,这可能会导致一些神经元"死亡",也就是永远不会被激活。

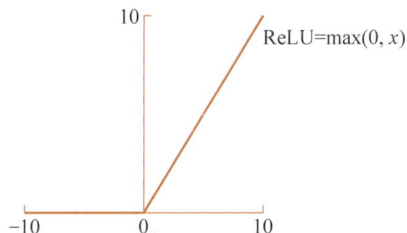

$$ReLU=max(0,x)$$

图 6.8 ReLU 函数

最后,介绍 Leaky ReLU 函数,它是 ReLU 函数的变种(图 6.9)。Leaky ReLU 函数在输入值为负数时,不再输出 0,而是输出一个非常小的负数。这样,即使当输入值为负数时,神经元也还有学习的机会,可以避免"死亡"神经元的问题。

每种激活函数都有其优点和缺点,就像每位魔术师都有他们的特色和限制。选择哪种激活函数,取决于具体的问题和需求。总的来说,激活函数的选择是神经网络设计中的一个关键决策,需要考虑许多因素,包括问题的性质、数据的特性以及训练的过程等。

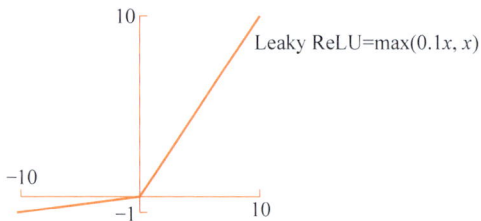

图 6.9　Leaky ReLU 函数

6.2　人工神经网络的构成

现在我们了解了单个的神经元是如何工作的，但是只有当神经元与神经元彼此连接起来，构成复杂的网络时，才会发挥出巨大的能力。当提到一个神经网络的架构时，我们关心的是这个网络有几层，每层有多少个神经元，这些神经元之间是如何连接的，以及每个神经元的激活函数是什么。那么带着这些关注点，接下来我们就来讲讲最基础的人工神经网络架构 MLP。

最基础的人工神经网络称为前馈神经网络，或者多层感知器（Multilayer Perceptron，MLP）。多层感知器就像它的名字一样，是一种层状结构，由多层（最简单的是 3 层）神经元组成，每一层的神经元之间互相不连接，而是与下一层的神经元相连接。信号从最底层，即输入层开始，经过一层层的处理，最后达到最顶层，也就是输出层，这个过程称为"前馈"。

在多层感知器中，每一层都有其特定的任务，而且和人类处理问题的方式非常相像。输入层负责接收原始数据，就像我们的感官接收外界的刺激。中间的层，也称为隐藏层（隐藏层可以是一层，也可以有很多层），负责提取和处理特征，就像我们的大脑处理和理解这些刺激。输出层则负责输出最终的结果，就像我们最终对外界作出的反应或者决策。多层感知器的优点是结构简单，易于理解，可以应用于解决很多实际问题。

接下来让我们先从最简单的三层感知器开始，更深入地了解多层感知器的每一层的工作原理以及它们是如何协同合作的。像我们刚才介绍的那样，一个三层感知器包括输入层、隐藏层和输出层（图 6.10）。

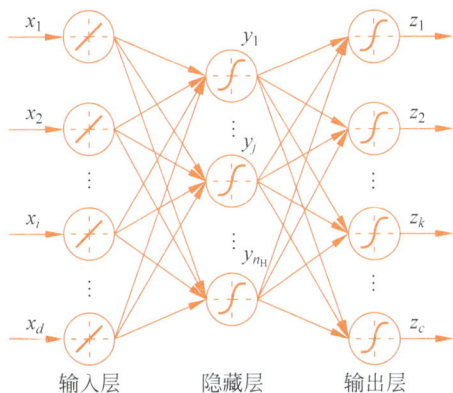

图 6.10 三层感知器示意图

6.2.1 输入层

输入层是多层感知器的起始点，它就像是神经网络的眼睛和耳朵，接收来自外部世界的所有信息（图 6.11）。输入层由一系列神经元组成，每个神经元代表一种特定类型的输入。如果我们正在处理一张图片，可以让每个像素对应一个输入神经元。

图 6.11 输入层是神经网络的眼睛和耳朵，负责接收信息

输入层的主要任务是接收数据，并将数据传递给下一层，也就是第一个隐藏层。通常情况下，我们不会在输入层应用激活函数，因为我们希望保留原始的输入数据。也就是说，最常见的情况是输入层的神经元接收原始数据，然后直接将其作为激活值传递到

下一层。这使得输入层变得非常简单。

当然,尽管可以免去选择激活函数的烦恼,但是在确定输入层的神经元数量时,有一些重要的因素需要考虑。首先,神经元的数量应该与输入数据的维度相匹配。例如,如果正在处理的是 28×28 像素的灰度图像,那么我们需要 784 个神经元,每个神经元代表图像的一个像素。其次,如果数据有很多特征,我们可能需要进行一些预处理,如降维,以减少输入层的神经元数量,因为过多的神经元可能会导致过拟合。

总的来说,输入层是神经网络的第一步,它定义了网络能够接收什么样的数据,并将数据送入网络的深处进行处理。理解输入层的作用,就像读懂了神经网络的封面,为理解其内部运作打开了大门。

6.2.2　隐藏层

隐藏层位于输入层和输出层之间,扮演着非常重要的角色。它们是神经网络中真正进行计算和数据转换的部分,像人脑一样把数据从一种形式变换到另一种形式。

在三层感知器中,隐藏层的神经元将接收输入层的输出作为输入,并使用激活函数对其进行处理,实际上就是让输入数据通过激活函数的映射生成一个新的输出。前面我们也说了,每个神经元虽然看起来很简单,但是这个激活过程就是将线性问题转换成非线性问题的关键之处,使得网络对非线性问题进行学习,从数据中提取到有意义的信息,极大地扩展了神经网络的应用范围。

实际上,在复杂的多层感知器中,隐藏层可以有一个或者多个,每个隐藏层可能包含任意数量的神经元。隐藏层和神经元的数量会影响网络的复杂性和处理能力。更多的隐藏层和神经元可以提高网络处理复杂问题的能力,但同时也可能导致过拟合,即模型在训练数据上表现得过于完美,而在新的、未见过的数据上表现得不好。没有固定的规则来确定隐藏层和神经元的数量,通常需要通过实验来确定最佳的组合情况。一般来说,隐藏层和神经元的数量可以根据问题的复杂性和输入数据的规模来确定。越复杂的问题,需要的隐藏层和神经元的数量就越多。

选择合适的激活函数在隐藏层设计中十分关键。激活函数的选择会影响神经网络的学习速度和效果。例如,ReLU 函数在某些情况下可以加速神经网络的训练,但它也有可能导致某些神经元"死亡",即不再对任何输入产生反应。我们前面已经对常见的激活函数做了介绍,在实际应用中会根据不同的任务特点以及数据量等具体情况来选择合适的激活函数。

本质上隐藏层才是神经网络解决复杂问题的核心，隐藏层就像我们的大脑，处理和解释输入数据，从而帮助网络理解和学习数据中的模式（图 6.12）。

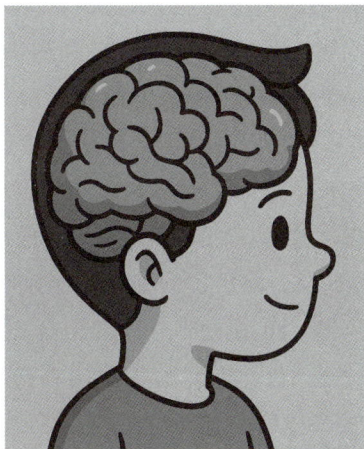

图 6.12　隐藏层是神经网络的大脑，负责处理信息

6.2.3　输出层

输出层是神经网络的终点站，它将神经网络的计算结果呈现出来。在多层感知器中，输出层的神经元会接收最后一个隐藏层的输出作为输入。然后，通过使用特定的激活函数，将这些输入转换为网络的最终输出。这个输出可能是分类结果（例如，这张图片是猫还是狗），也可能是数值预测（例如，预测明天的温度）。

输出层的设计取决于我们希望神经网络解决的具体问题。对于二分类问题，我们可以设计成只有一个输出神经元，并使用 Sigmoid 函数作为激活函数。因为 Sigmoid 函数的输出为 0～1，我们可以将这个输出解释为属于某一类的概率。对于多分类问题，我们通常会有多个输出神经元，每个神经元对应一个类别，此时通常会使用 Softmax 函数作为激活函数。因为 Softmax 函数可以将一组数值转换为概率分布，这样我们就可以将每个神经元的输出解释为属于对应类别的概率。

总的来说，输出层是神经网络的"发言人"，它将神经网络的学习成果向外界展示。设计一个恰当的输出层，能够更好地解释和利用神经网络的输出。

综上，多层感知器主要包括输入层、隐藏层（可以是一层或多层）和输出层。

输入层就像是我们的感官，负责接收所有的原始数据。例如，如果我们正在处理一张图片,输入层就可以接收像素值作为输入(当然,这只是最简单的一种方式)。每一个神经元都代表了一个输入,比如图像的一个像素或者一种颜色。对于输入层,我们通常不应用任何激活函数,因为我们希望保留原始数据。

隐藏层也是我们的"思考"层。隐藏层在输入层和输出层之间,可以有一层或者多层。隐藏层的神经元接收输入层或者前一隐藏层的输出,并通过激活函数进行处理。隐藏层的任务是从原始数据中提取出有用的特征。每一个隐藏层的神经元个数,可以根据问题的复杂程度和数据的规模进行调整。通常,我们会在隐藏层使用非线性激活函数,例如 ReLU 或者 Sigmoid,来提高神经网络处理复杂问题的能力。

输出层也就是我们的"决策"层。输出层的神经元会接收最后一个隐藏层的输出,然后生成最后的结果。例如,如果我们正在处理一个图像分类问题,输出层可能会有 10 个神经元,每一个神经元代表一个类别,神经元的输出值就代表了图像属于这个类别的概率。对于输出层,可根据问题的具体需求选择合适的激活函数。例如,对于二分类问题,通常会使用 Sigmoid 函数;对于多分类问题,一般会使用 Softmax 函数。

多层感知器就像是一个处理信息的管道,数据从输入层开始流动,经过隐藏层的一层层处理,最后在输出层生成结果。每一层都有自己的任务和特性,通过合理的设置和调整,可以让这个管道更加高效,处理更复杂的问题。

6.2.4　一个手写数字识别的例子

本节将通过一个 MNIST 手写数字识别的经典例子来展示如何使用多层感知器(MLP)完成分类任务。这个任务要求我们构建一个能够准确识别 0～9 的手写数字模型。

在开始模型设计之前,首先明确任务的目标:构建一个多层感知器模型,使其能够接收 28×28 像素的手写数字图像作为输入,并准确地分类出图像代表的数字。为了实现这一目标,我们将按照以下步骤逐一进行操作。

第一步:数据准备

收集数据集:我们可以使用公开可用的 MNIST 数据集,这个数据集包含了大量的手写数字图像(图 6.13)。我们可以对数据集进行划分,将其中的一部分数据用于训练,另一部分用于测试。具体的训练集和测试集的比例划分方式将在第 7 章进行讲解。现在假设其中的 60 000 幅图像数据用于训练,10 000 幅图像用于测试。每幅图像都是 28×28 像素的灰度图像,图像中的数字位于中心位置。

图 6.13　手写数字集[①]

数据预处理：为了使数据适配我们的模型，我们需要对数据进行一些基本的预处理。首先，将每幅 28×28 像素的图像转换成一个 784 维的一维向量，因为多层感知器的输入层需要的是固定长度的向量形式的输入。其次，对图像的像素值进行归一化处理，将原始的像素值范围从[0,255]缩到[0,1]区间，这有助于模型的训练过程。最后，对于模型的输出，使用 one-hot 编码来表示图像的类别标签，即将 0～9 这 10 个数字的标签分别转换为一个长度为 10 的向量，其中标签对应数字的索引位置为 1，其余为 0。比如数字"5"会被转换为标签向量[0,0,0,0,0,1,0,0,0,0]。

第二步：设计模型结构

在数据准备完毕后，下一步是设计多层感知器模型的结构。对于 MNIST 手写数字识别任务，我们可以构建一个简单的三层神经网络，包括一个输入层、一个隐藏层以及一个输出层。

输入层：这一层的任务是接收输入的数据。对于 MNIST 数据集的手写字符识别任务，每个输入图像被预处理为一个 784 维的向量，因此输入层需要有 784 个神经元，每个神经元对应向量中的一个特征维度。

隐藏层：隐藏层在神经网络中起到提取特征和进行非线性转换的作用。虽然理论上可以有多个隐藏层，但为了简化，在这个例子中，仅使用单个隐藏层，包含 128 个神经元。这些神经元通过权重与输入层相连接，并使用激活函数来引入非线性，增强模型的表达

---

① LECUN Y，CORTES C，BURGES C J C（2010）. MNIST handwritten digit database. http://yann. lecun. com/exdb/mnist/.

能力。可使用 ReLU 作为激活函数，它对加速神经网络的训练非常有效。

输出层：输出层负责生成最终的分类结果。由于 MNIST 数据集上的识别任务是识别 10 个不同的数字，因此输出层包含 10 个神经元，每个神经元代表一个数字类别的概率。在这一层，可使用 Softmax 激活函数，它会将输出转换为概率分布，便于根据最大的输出概率元素值来确定图像的类别。

第三步：训练模型

训练模型是使多层感知器学习如何从输入数据中准确预测输出类别的过程。这一步骤不仅涉及前向传播来计算预测结果，更重要的是通过反向传播和优化算法来更新网络中的权重和偏置，以减少预测误差。

前向传播：在前向传播阶段，数据从输入层流向输出层。每一层的输出都依赖其输入、层内神经元的权重和偏置，以及激活函数的作用。最终，在输出层我们得到了模型对当前输入数据的预测分布。

计算损失：为了评估模型的预测准确度，我们需要一个损失函数，来计算模型得到的预测与理想输出（即标签）之间的差距。比如可以使用在多分类问题中常用的交叉熵损失函数，它可以量化模型预测的概率分布与实际标签之间的差异。计算得到的损失值反映了当前模型对输入数据及其标签的拟合能力。

反向传播：反向传播是神经网络训练中的核心步骤，它的目的是计算损失函数相对于网络权重的梯度，这些梯度指明了为了减少损失，权重应该如何调整。从输出层开始，通过链式法则逐层向后计算梯度，这个过程依赖每层的输出、激活函数的导数以及前向传播时计算的中间值。反向传播确保了每个权重的更新都是为了减少整体的预测误差。

权重更新：在计算出损失函数关于权重的梯度后，可使用优化算法（如 SGD、Adam 等）来更新网络中的权重和偏置。这些优化算法依据梯度的方向和大小，以及学习率等超参数来调整权重，从而使损失函数的值减小。

迭代训练：将整个数据集分成多个批次，并重复执行前向传播、计算损失、反向传播和权重更新的过程。每遍历一次完整的数据集称为一个 epoch。随着训练的进行，模型在训练集上的损失会逐渐减少，模型的预测性能也相应提高。通过在验证集上评估模型的性能，我们可以调整训练过程，例如早停（early stopping）来防止过拟合。

第四步：评估模型

一旦模型通过训练过程学习到了模型最优权重和偏置参数，下一步就是评估其性能。这通常通过将模型应用于之前未见过的测试数据集来完成，从而可以公正地评估模型的泛化能力。对于 MNIST 手写数字识别任务,模型的准确率是评估其性能的直接指标。准确率是正确预测的样本数除以总样本数。通过比较模型在测试集上的预测输出和实际的标签,我们可以计算出被正确分类的样本数,进而求得准确率。根据评估结果,我们可能需要回到模型设计阶段作出调整,比如增加隐藏层的神经元数量、改变学习率或尝试不同的优化算法,以进一步提高模型的性能。

第五步:应用模型

模型训练完成并经过评估验证其有效性后,最后一步是将这个模型应用于实际的手写数字识别任务。对于一个新的手写数字图像,将其转换成与训练数据相同的格式(28×28 像素,即平展成 784 维向量,归一化处理),然后通过训练好的模型进行前向传播,模型的输出是一个长度为 10 的概率向量。选择最高概率对应的类别作为预测结果。

通过以上五个步骤,我们完成了从数据准备到设计模型结构、训练模型、评估模型,最后到应用模型的整个流程。这个过程不仅适用于 MNIST 手写数字识别任务,也为解决其他模式识别问题提供了借鉴。

6.2.5 人工神经网络的特点

人工神经网络作为一种模仿人脑神经系统工作方式的计算模型,在诸多领域展现了出色的性能。神经网络不仅在处理速度和效率方面呈现出与传统计算机系统截然不同的特点,其独特的并行处理能力、自组织与自学习能力、容错性以及处理非线性问题的能力等,也为解决复杂问题提供了新的途径。

并行处理能力:在传统的计算机系统中,大多数计算是串行进行的,即一次只能执行一个指令。而在神经网络中,计算是并行进行的,即许多神经元可以同时处理各自的输入和输出。

自组织与自学习能力:人工神经网络不需要详细的程序指令,而是通过学习数据自行"理解"问题。一定要说的话,神经网络更像是一个好奇的孩子,而不是一个被命令去做事的机器。它通过观察和学习,自己理解世界,而不是仅按照既定的规则行事。这种自我学习的能力使得神经网络在处理复杂和模糊问题时具有优势。

容错性:即使一些神经元出现错误或损坏,神经网络仍然能够正常工作。这是因为神经网络的知识是分布在整个网络中的,而不是存储在单一的位置。如果你把知识比作一个大家都在玩的拼图游戏,那么在传统计算机中,每个人只有一块拼图。如果丢了,整个拼图就不能完成。但在神经网络中,每个人都有整个拼图的复制品。所以即使有人丢了他的部分拼图块,游戏还是可以继续的。

处理非线性问题的能力:神经网络可以处理复杂的非线性问题,这是因为它们利用了非线性激活函数。这与传统的计算机系统形成鲜明对比,后者通常需要复杂的数学方法来处理非线性问题。

对输入数据的灵活性:神经网络能够处理各种类型的数据,包括数值、文本、图像等。就像一个全能的艺术家,无论你给它什么工具(油画、水彩、粉笔等)或者材料(画布、木板、纸等),它都能创作出美丽的艺术作品。

人工神经网络为计算领域带来了革命性的变化。其并行处理能力使得计算速度得以显著提升,自组织与自学习能力使得网络能够从数据中不断演化和提升,容错性保障了系统的稳定性,处理非线性问题的能力拓展了其应用范围。随着技术的不断演进,神经网络已经开始在各个领域引发革命性的变化。尤其是深度神经网络,解决实际问题的能力更是令人惊叹。

6.3　深度神经网络

在 6.2.4 节手写数字识别的例子中,我们构建的多层感知器模型包含一个输入层、一个隐藏层和一个输出层,它们分别具有 784、128 和 10 个神经元。不难发现这个三层感知器是"全连接"的,即模型中前一层的每一个神经元都与后一层的任意一个神经元通过参数相连。我们不难计算出,这个多层感知器模型的输入层和隐藏层之间由 $784 \times 128 = 100\ 352$ 个参数连接,而隐藏层和输出层之间由 $128 \times 10 = 1280$ 个参数连接。也就是说,这么一个简单的多层感知器模型具有十万多个参数。

相信你一定已经发现这里面的问题了,"全连接"的结构导致了参数过多这一缺点。我们现在常见的彩色图片大都具有超过 1000×1000 个像素,并且每个像素都具有 RGB 三个颜色通道,如果使用多层感知器模型来处理这种图片,参数的数量将是我们所不能接受的。即便设计出这样的模型,也难以训练,往往还会受到过拟合问题的困扰。

除了参数量过大这一缺点以外,多层感知器模型的另一个缺点是图像的空间结构信息在输入层即被强制抹去。所谓空间结构信息可以简单地理解为像素之间的距离关系。当我们把一个像素排列为 3×3 的二维图像转换成一个维度为 9 的一维向量时,原本在二维图像中相邻的 A 和 B 两个像素就很难再在空间上关联起来了,如图 6.14 所示。同样地,在 6.2.4 节手写数字识别的例子中,把每个 28×28 像素的图像转换成一个 784 维的一维向量的过程中,也丢掉了这些像素的空间结构信息。

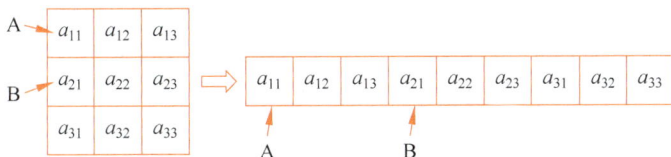

图 6.14 向量化过程导致空间结构信息丢失

多层感知器的这两个缺点使得它无法处理复杂的计算机视觉问题,也限制了神经网络向更深的方向发展。为了设计参数更少且性能更好的神经网络模型,学术界从各个角度作出了诸多努力。1968 年,约翰霍普金斯大学的 David Hubel 和 Torsten Wiesel 研究了动物大脑的工作机理,并发现常见的视觉概念(如点、线以及颜色等)往往由大脑中不同的神经元来负责处理。这一研究成果不仅使他们获得了 1981 年的诺贝尔生理医学,还启发后来的 Yann Lecun 团队在 1998 年提出了卷积神经网络模型。

接下来,我们将介绍卷积神经网络模型中所涉及的重要概念。

6.3.1 卷积

卷积(Convolution)这一概念在统计学、物理学和概率论等多个领域都发挥着重要的作用。从特征抽取的角度来看,卷积就是通过卷积核(Convolutional Kernel)将输入数据进行变换,并得到输出特征的过程,如图 6.15 所示。这里所说的卷积核是指一个特定大小的矩阵,在图 6.15 中的例子里,卷积核由四个元素构成,是一个 2×2 的矩阵。当然,

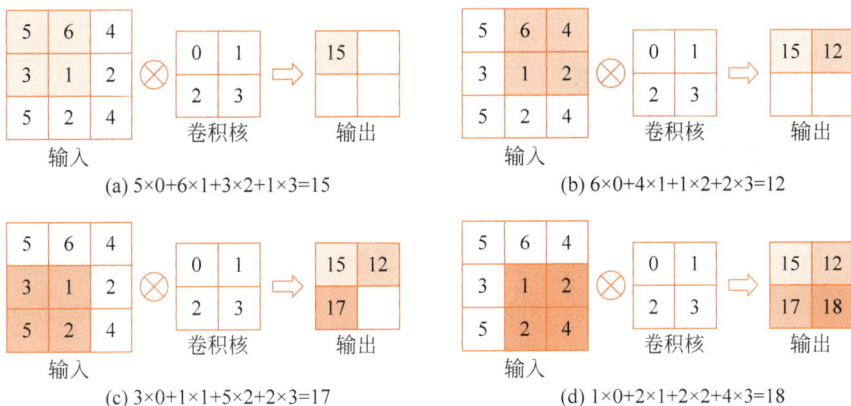

(a) $5 \times 0 + 6 \times 1 + 3 \times 2 + 1 \times 3 = 15$

(b) $6 \times 0 + 4 \times 1 + 1 \times 2 + 2 \times 3 = 12$

(c) $3 \times 0 + 1 \times 1 + 5 \times 2 + 2 \times 3 = 17$

(d) $1 \times 0 + 2 \times 1 + 2 \times 2 + 4 \times 3 = 18$

图 6.15 卷积操作示意图

我们也可以设计其他大小的卷积核,如 3×3、5×5、7×7 和 13×13 等。对于一个特定大小的卷积核,参数的值可以根据需要事先设置,也可以通过模型训练来确定。为了便于理解,图 6.15 的例子使用了一个参数事先设置好的大小为 2×2 的卷积核来处理一个 3×3 的输入数据,最终得到一个 2×2 的特征图。

从图 6.15 可以看出,卷积操作首先把卷积核与被选中区域对齐,然后按照位置对应关系把输入的像素值与卷积核的参数值相乘,最后把得所有乘积求和,得到输出结果的一个像素。例如,图 6.15(a)选定区域是位于输入数据左上角的四个像素,把这个选定区域和卷积核对齐以后,输入中数值为 5 的像素与卷积核中数值为 0 的参数相对应,而输入中数值为 6、3 和 1 的像素分别与卷积核中数值为 1、2 和 3 的参数相对应。因此,我们计算输出第一个像素值时使用的算式为 $5\times0+6\times1+3\times2+1\times3=15$。通过卷积核的滑动,我们可以选中输入数据的不同区域,使用同样的办法得到输出的其他三个像素值分别为 12、17 和 18。在卷积的操作过程中,输入的每个选中区域都与输出的某个像素值相对应,而这些被选中区域之间的相对位置关系也决定了输出像素的排列方式。

从计算过程来看,我们也可以将卷积过程简单地理解为对选定区域的像素值进行加权平均,而卷积核的参数值就表示了相应位置的权重。同时,我们也可以把卷积核看作一个模板,而卷积的过程就是计算选中区域与模板的匹配程度。选中区域与模板的匹配程度越高,卷积得到的结果越大;反之则越小。图 6.16 展示了一幅图像和通过给定的卷积核得到的卷积结果。这个 3×3 的卷积核中心的参数值为 8,周围的 8 个参数值为 -1。我们可以推断它将匹配那些中心像素与周围像素有明显差异的区域,也就是图像里的那些边缘区域。输出的卷积结果也验证了这一推断,原图像中边缘部分具有较高的亮度(即值比较大)。

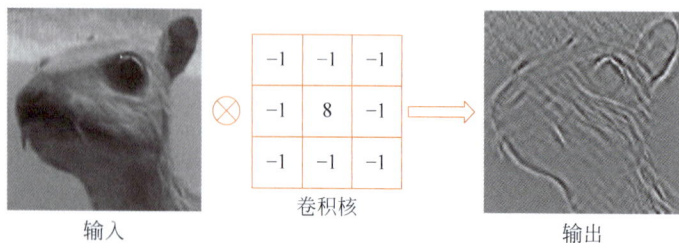

图 6.16　卷积结果举例

通过上面的分析,我们知道卷积操作中参数的数量是由卷积核的尺寸决定的。一般而言,卷积核的尺寸不会太大,常见的卷积核尺寸为 3×3、5×5、7×7 和 13×13 等,鲜有

超过 19×19 的卷积核。因此,单个卷积核仅包括几十到几百个参数。这些参数在卷积操作中被重复使用,而复用的次数取决于输入和输出的尺寸。相比于 6.2 节所提到的具有超过百万参数的感知器而言,由卷积操作所构成的模型可以大大减少参数数量。另外,卷积操作也天然地保留了输入数据的空间特性,把具有近邻关系的像素放一起处理。

6.3.2　填充

在图 6.15 的例子中,输入数据的分辨率为 3×3,而卷积结果的分辨率为 2×2。也就是说经过卷积操作后,像素的数量从 9 个减少到 4 个。之所以会出现这样的结果,是因为我们无法在输入数据的边缘进行卷积操作。反映在卷积过程中就是边缘像素被使用的次数比那些中间像素被使用的次数更少。基于简单的统计我们就知道,图 6.15 的四次卷积操作中,四个角上的像素仅参与了一次卷积操作,中心点的像素参与了全部的四次卷积操作,而其他四个像素参与了两次卷积操作。因此,输入图像边缘部分的信息有丢失的风险。

填充(Padding)操作的提出就是为了使图像边缘像素更多地参与到卷积操作中。具体来说,就是在图像的边缘增加像素值为 0 的像素。如图 6.17 所示,我们沿着输入图像的左边缘和下边缘增加了 7 个像素,对原图像进行了扩充。这样一来,原本处于边缘的像素可以参与更多的卷积操作,从而更好地保留边缘信息。图 6.17 中用圆圈标出的三个像素参与卷积操作的次数均从图 6.15 中的一次增加到现在的两次。卷积次数的增多直接增加了输出像素的个数。基于同样的卷积核,对填充后的输入进行卷积后可得到与原输入图像相同分辨率的卷积结果。

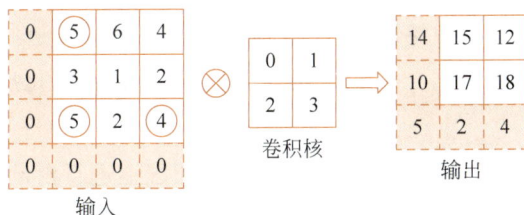

图 6.17　填充后的卷积结果

6.3.3　三维卷积

一幅灰度图像只有一个通道,在计算机内部被表示为一个二维矩阵。我们可以使用

图 6.15 中的方式进行卷积操作,并得到输出特征。与灰度图像不同,一幅彩色图像具有 R、G、B 三个颜色通道,分别用数值表示红色、绿色和蓝色的强度(或亮度)。我们当然也可以用一个二维卷积核分别对三个通道进行卷积操作,并提取特征。然而,三个通道的特性往往互不相同,统一的卷积核难以提取出有效的特征。

三维卷积操作中使用的卷积核不再仅仅局限于长和宽两个维度,而是具有长、宽和高(也称为长、宽和深)三个维度,如图 6.18 所示。与二维卷积操作一样,三维卷积操作也是将卷积核在输入数据上进行滑动,与不同的选定区域对齐,并把卷积核的参数值和选定区域的像素值按照对应关系相乘以后,再计算出这些乘积的和,即得到输出的特征。

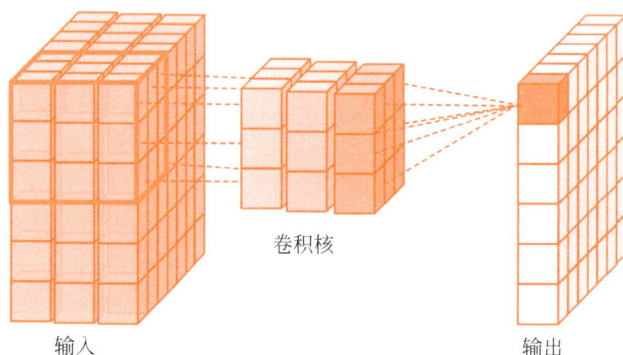

卷积核

输入　　　　　　　　　　　　　　　　　　　输出

图 6.18　三维卷积示意图

6.3.4　池化层

要构建一个高效的卷积神经网络,不仅需要通过卷积操作进行特征抽取的卷积层,还需要对特征进行降维的池化(pooling)层。与卷积层相比,池化层更简单,因为它不涉及任何参数。

具体来说,池化操作使用一个滤波器窗口在特征图上进行滑动,并把窗口覆盖(或选定)的区域变换为一个数值,作为池化结果。值得注意的是,最常见的滤波器窗口尺寸为 2×2,并且滑动过程中不会遗漏像素,也不会重复覆盖任何一个像素。典型的池化分为两类:平均池化和最大池化。顾名思义,平均池化就是把滤波器窗口覆盖区域的平均值作为池化结果,而最大池化就是把滤波器窗口覆盖区域的最大值作为池化结果,如图 6.19 所示。虽然平均池化在过去曾一度占据主流,但近几年的实践证明最大池化更具优势。

图 6.19 池化操作举例

池化层的作用在于它可以大大减小特征的尺寸,使后续的操作更加高效,并可一定程度上避免过拟合问题。

6.3.5 一个完整的卷积神经网络

卷积神经网络是深度神经网络最典型的代表之一,它由若干卷积层、池化层和全连接层等构成。这里的全连接层代表了一种网络结构,即输出层的每一个神经元都与输入层的任意一个神经元相连。相信你已经发现了,6.2节提到的多层感知器就是把多个全连接层组合在一起构造出来的。通常情况下,卷积层和池化层的主要作用在于特征提取,而全连接层往往被用于最后的分类。

图6.20展示了一个卷积神经网络的例子,这一网络模型包括两个卷积层、一个池化层和两个全连接层。第一个卷积层的输入是原始图像,它输出的特征经过池化层降维操作以后再作为第二个卷积层的输入。第二个卷积层提取的特征经过两个全连接层,得到最后的分类结果。图6.20中的网络虽然只是一个简单的例子,但已经包含了深度卷积神经网络的大部分关键要素。我们当然还可以设计层数更多、更复杂的卷积神经网络,以处理更复杂的应用问题。

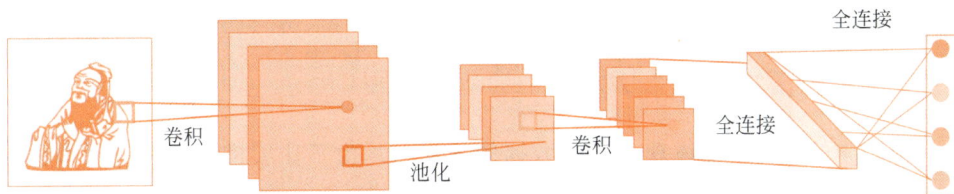

图 6.20 一个卷积神经网络

我们设计好卷积神经网络的结构以后,剩下的工作就是对其进行训练,以确定"最优"的参数。这里所谓的最优就是使神经网络在当前已知的数据(即训练集)上取得最好的效果。与多层感知器一样,卷积神经网络的训练也使用反向传播算法。反向传播算法就是基于梯度下降的数学原理不断地更新参数以提高模型的性能。有兴趣的读者可以阅读相关文献详细了解。

6.4 大模型

2022 年 11 月 30 日,OpenAI 公司推出的 ChatGPT 迅速吸引了全球目光,创下了线上产品达到百万用户速度的纪录,并引发了对大模型研究的新浪潮。当前,全球众多信息技术企业都在增加对大模型研究的资金和资源投入。大模型为何能产生如此巨大的吸引力?它又是凭借何种魅力成为众人瞩目的焦点?

最初的大模型指的是大语言模型(Large Language Model,LLM),是用于处理自然语言任务的深度学习模型。与传统的深度学习模型一样,大模型也会根据它所接收的特定输入,进行一定的运算和推理,并给出它的输出结果。大模型与传统模型不一样的地方在于它可以完成各种不同的任务,例如生成、分类、总结和改写等(图 6.21),并且在这些任务上都可以取得非常好的结果。

图 6.21 大模型可以完成的不同任务

大模型中的"大"首先体现在训练数据的规模上。为了让大模型能够应对多样的任务,必须用海量的数据来训练它们。以 GPT-3 为例,它的训练集包含了从互联网上抓取得到的丰富文本资源,如书籍、新闻报道、学术论文、维基百科条目和社交媒体内容等,总计达到了约3000亿条文本。面对如此庞大的数据量,人工标注是不现实的。因此,如何高效地使用这些数据进行训练成为大模型训练中首先要攻克的难题。大模型训练充分利用了自然语言文本数据的内在结构特点,主要依赖两种无须额外标注的任务,包括掩码语言建模(Masked Language Modeling,MLM)和下一句预测(Next Sentence Prediction,NSP),如图6.22所示。掩码语言建模任务指的是在文本中随机遮蔽某个或者某些单词,然后训练模型预测那些被遮蔽的单词,从而让模型掌握单词间的语义关系和上下文联系。而下一句预测任务则是给定两个句子,让模型判断它们是否有逻辑上的紧随关系。这一训练方法使模型能够精确把握句子间的逻辑联系。通过这两个任务,我们就可以训练大模型,使其能够更好地理解单词和句子这两个构成文本的关键要素。

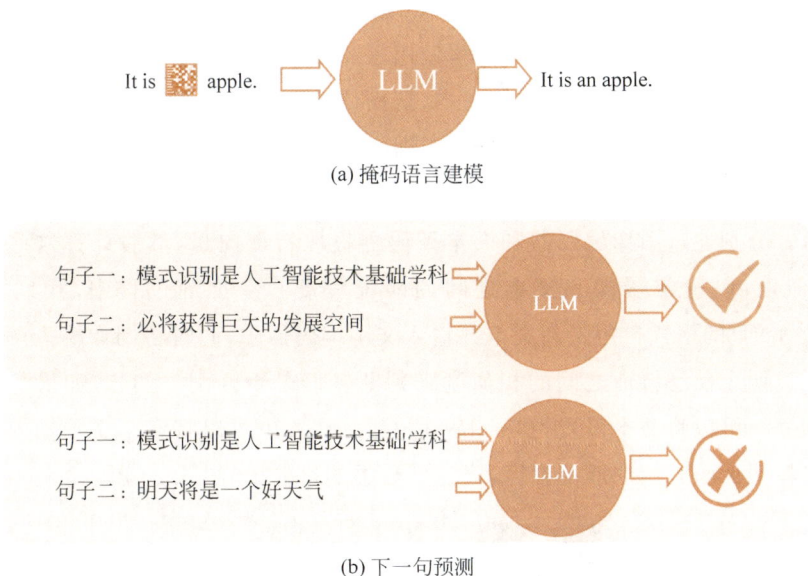

(a) 掩码语言建模

(b) 下一句预测

图 6.22 大模型训练依赖的两个任务

大模型中的"大"还体现在模型的参数量上。为了能够捕捉海量语言数据的复杂性,必须依靠足够数量的参数。一般来说,模型的参数量越大,意味着它可以表示更加复杂的函数,表达能力越强,从而能够对细微语言差别进行模拟,也相当于学习到了更加丰富的知识。海量的参数还使得大模型具有了泛化能力,可以处理某些训练数据中从未出现的新情况。OpenAI公司于2018年发布的第一个大模型GPT-1具有1.17亿个参数,而两年后发布的GPT-3就拥有了惊人的1750亿个参数。当然,参数量的增加也会带来一些负面的影响,例如训练过程更加困难,推理过程变得更加复杂,对计算资源的需求也会更大等。在保持性能不变的前提下,如何对大模型进行瘦身也是当前亟待解决的一个问题。

基于海量的数据对参数量巨大的模型进行训练是一个极为耗时的过程。为了缓解模型训练的困难,大模型通常采用可以进行并行计算的 Transformer 结构,以加快训练速度。Transformer 允许对数据进行并行处理的秘诀在于它把每个单词的特征及其位置信息整合在一起进行计算,从而打破了单词必须进行处理的限制。Transformer 的优点还在于它可以学习单词之间的相互关系,从而更准确地理解上下文。然而,这一技术的复杂细节已经超出了本书的讨论范畴。

大模型是否可以处理图像数据呢? 答案是肯定的。OpenAI 公司在 2021 年发布的多模态预训练模型 CLIP(Contrastive Language-Image Pre-training)就实现了从自然语言到图像的扩展。CLIP 模型的训练过程使用了 4 亿条成对的(图像,文本)数据,这些数据覆盖了丰富的图像及其相应的描述文本,从而使模型得以掌握广泛的视觉概念和语言表述,建立了文本和图像之间的联系。模型训练的目标是使图像特征与其对应的文本特征尽可能地一致,也就是实现图像和文本之间的跨模态对齐。CLIP 模型以图像和文本作为输入,并分别通过图像编码器和文本编码器提取特征向量,然后计算这些特征向量之间的相似度,以确定图像和文本之间的匹配程度。在推理过程中,我们可以按照prompt(提示词)的格式自定义新文本并输入文本编码器中,同时将图像输入图像编码器中,最后通过两个模态特征之间的相似度来判断它们是否匹配。例如,如果想判断一个图片是不是猫,可以将文本设置为"a photo of a cat"。也可以将多个文本输入文本编码器,判断目标图像与它们的匹配程度,以达到分类的目的,如图 6.23 所示。

图 6.23　基于 CLIP 的图像分类示意图

6.5　本章小结

在本章中,我们深入探讨了神经网络的基础及其在模式识别中的应用,包括多层感知器(MLP)和更复杂的深度学习与卷积神经网络(CNN)的结构及功能。通过详细解释神经网络中的基本组成单位——神经元,我们了解到它们如何通过加权输入和激活函数来处理信息。这种结构使得神经网络不仅能处理简单的线性问题,更重要的是,通过引入非线性激活函数,可以解决更加复杂的非线性问题。

首先,我们介绍了多层感知器的构造和工作原理。多层感知器是一种基本的前馈神经网络,包含输入层、一个或多个隐藏层,以及输出层。每一层由多个神经元组成,神经元之间通过带权重的连接相互作用。通过适当的权重调整,多层感知器能够学习复杂的函数映射,解决分类和回归问题。我们用了一个经典的手写数字识别任务来举例,通过训练一个多层感知器来识别不同的手写数字,展示了神经网络如何从数据中学习特征,并进行有效的分类。这一过程涉及大量的前向传播和反向传播操作,通过这些操作,网络能够最小化预测错误,优化其性能。

然后,我们浅浅地踏入了深度学习的领域,讨论了如何通过增加网络的深度和复杂性来处理更为复杂的模式识别任务。深度学习通过增加层数和神经元数量,能够捕捉到数据中的高层抽象特征,这对于视觉和语音识别等任务至关重要。我们以卷积神经网络为例,介绍了卷积层利用卷积核提取空间特征,池化层用于降低特征的空间维度的基本思想和计算过程,帮助你理解卷积神经网络在图像和视频处理中表现出卓越性能的本质原因。

最后,我们介绍了大模型的相关知识,了解到大模型可以完成多种不同的任务。大模型的"大"主要体现在了它的训练数据的规模和参数量上,为了充分利用那些未标注的训练数据,大模型采用了掩码语言建模和下一句预测两个任务来调整模型的参数。我们还介绍了多模态预训练模型的相关知识,以及如何使用多模态预训练模型来对图像进行分类。

通过本章的内容,你应该能够理解神经网络从基础到复杂的进阶,以及如何逐步培养处理复杂数据和任务的能力。

第7章

模式识别系统的训练与评价

现在我们的探索之旅即将进入尾声了，最后介绍的是模式识别系统的开发与评价的内容，我们会探寻如何将前面学到的知识应用于实际问题的解决。本章将为你呈现样本集的构建、分类器性能评价以及迭代改进偏差和方差等一系列有趣的话题。如果你已经对模式识别有一定了解和应用经验，那么有些内容对你来说可能并不陌生。但对于刚刚接触模式识别的读者而言，本章的内容可能会为你开启一扇新的认知之门。无论你的背景如何，我们都会用通俗易懂的语言，带你深入探讨一个完整的模式识别系统的构建流程。

在模式识别系统开发过程中，样本集的构建是模式识别系统的基础。在实际应用中，我们需要构建能够代表真实场景的样本集，以确保系统具有鲁棒性和泛化能力。这涉及选择合适的样本，处理噪声和异常值，以及解决不平衡数据分布等问题。也关系到样本集应该如何进行划分，训练集、验证集和测试集的构成和分布等问题。

分类器性能评价是验证模式识别系统有效性的关键步骤。我们将探讨如何使用准确率、召回率等指标来评价分类器的表现。这些指标能够帮助你判断分类器在不同情况下的适用性，从而为决策提供依据。通过深入理解这些评价指标，你将能够更好地衡量模式识别系统的优劣。

在优化模式识别系统的过程中，你还会遇到不同的误差类型。我们将讨论如何识别偏差和方差，分析其产生的原因，并采取合适的措施进行改进。通过持续地迭代和优化，能够使模式识别系统越来越接近实际需求，具备更高的可靠性和准确性。

或许你曾在实际应用中遇到过这些内容，但对于为什么要这样处理，可能一直感到困惑。本章将为你提供清晰的介绍和知识梳理，让你能够真正理解这些技术背后的原理①。或许在阅读本章后，你会有一种豁然开朗的感觉，明白为什么要这样进行样本集的构建、分类器性能评价以及迭代改进偏差和方差。这些技术，正是模式识别系统背后的秘密武器，将你引入更深入的领域，为探索无限可能性打下坚实基础。

7.1 训练的原材料——样本集的构建

如果你想要构建一个模式识别系统，无论是采用传统的机器学习方法，还是采用更现代的深度学习方法，都需要一些样本来让模型学习。你可能听过这样一句话："穷则特征工程，富则深度学习。"这里的"穷"指的就是样本少的情况。当样本特别少时，我们只能依赖特征工程去选择更有效的特征来帮助我们训练模型。这种方法需要更多的领域知识，通过了解问题背景，我们可以用少量的样本构造一个相对有效的特征计算方法。然而，特征工程既费人力又费时，而且模型效果的天花板较低。当数据量达到一定程度时，传统的机器学习方法的局限性就体现了出来。但是值得一提的是，在没有足够样本的情况下，特征工程依然是一个非常有价值的方案。传统方法并不意味着它一定是被淘汰的方案，我们在决定方案时永远需要根据实际问题的情况来进行选择。当然，如果拥有大量的样本，那么毫无疑问我们会选择使用深度学习方法，因为这时深度学习方法通常会带来更好的效果。本章希望读者能够意识到，数据量的大小在很大程度上决定了我们最终选择什么样的方法。有时候，我们可能会忽视这一点，只专注于学习算法，而忽略了样本数量这个关键因素。实际上，在解决问题时，首先需要考虑的是手里有多少样本，这是一个优先级很高的问题。

7.1.1 样本集的预处理

当我们进行模式识别时，首先需要处理我们的数据集，就像在烹饪前需要准备食材一样（图 7.1）。这个过程被称为样本集的预处理，它在模式识别中扮演着至关重要的角色。

首先，我们要清洗数据，这就像在烹饪中洗切和去掉不需要的部分一样。在原始数

---

① 本章中的很多观点来自吴恩达教授的机器学习课程，非常推荐想要深入学习的同学学习本套课程（https://www.coursera.org/learn/machine-learning）。

图 7.1　预处理——食材准备

据中,可能会存在错误、缺失值或异常值,我们需要检测并修复它们,比如给缺少的数据一个统一的赋值,或者删掉那些明显异常的数据。具体的处理办法有很多,但是归根结底是为了保证所有数据都是可用的状态。

接下来,我们需要调整数据的大小和格式,这就像在烹饪中将食材切成适当大小一样。这通常涉及将数据标准化。例如,如果一个特征的值为 $0\sim1$,而另一个特征的值为 $100\sim1000$,模型可能会受到更大值的影响,而无法很好地处理较小值的特征。标准化确保数据的值位于相似的范围内,使得模型可以公平地学习输入的特征,这对于某些模型的训练非常重要。

然后,我们可能需要降低数据的维度,这就像在烹饪中将某些调味料去掉,使得菜肴能够更好地体现食材本来的味道。在数据中,有时会有太多的特征,然而这些特征并不一定都是解决问题所需要的。在模型中加入这些特征反而会增加模型的复杂性并降低性能。通过特征降维技术,我们可以减少数据的复杂性,同时保留最重要的信息。当然,降维本身是一个大工程,可以使用手工挑选、特征选择和特征抽取等多种方法,有时仅因为选择了合适的特征就使得模型的效果极大地增强。因此,在深度学习方法更推崇端到端学习的现在,我们往往并不会单独对数据进行降维预处理,而是希望深度学习模型本身能够从数据中直接学习到那些重要的特征。

最后,我们要确保数据的平衡性,这就像在烹饪中需要确保菜肴的味道平衡一样,在模式识别中,我们需要确保不同类别的样本数量大致相等。如果一个类别的样本比另一个类别的样本多得多,模型可能会倾向于那个样本较多的类别,这会导致不公平的结果。但是,数据不平衡在实际问题当中往往是一个难以解决的问题。受限于数据采集困难、人工标注耗时等现实原因,有些问题就是很难构建平衡且数据量足够的数据集。这时你可以使用一些数据扩增的办法去扩充数据较少的类别的样本,或者你的数据如果足够多,也可以考虑减少一些数据较多的类别的样本。需要说明的是,尽管一个各类平衡的数据集是训练一个优秀分类器的重要条件,但是在实际问题中往往并没有那么容易获得。

总之,样本集的预处理是模式识别过程中的重要步骤,它有助于确保数据质量、提高模型性能,并确保公平性。对于所有数据,清洗和标准化是一个必需的步骤,而降维和平衡数据集则需要量力而行。就像在烹饪中准备食材一样,好的预处理可以为模型的成功奠定坚实的基础。

7.1.2 样本集的划分

接下来,让我们谈谈样本集的划分。当我们拿到足够的样本后,我们通常会将其划分为训练集、验证集(也叫开发集)和测试集。训练集和测试集的作用非常明确:训练集用于训练模型,测试集用于评估最终模型的性能。然而,关于验证集或开发集的作用,有些读者可能会感到困惑,甚至有个别机器学习的熟手也不清楚什么是验证集。实际上,验证集是用于调整模型超参数和选择最佳模型的。

以一个情感分析任务为例,我们需要训练一个模型来根据给定的文本判断情感是正面还是负面。假设我们使用支持向量机作为分类器。那么,一个文本情感判断器的模式识别系统的建立将经过如下几个步骤。

(1) 收集大量带有情感标签(正面/负面)的文本数据,并将其随机分为训练集、验证集和测试集。尽管随机分配,但要确保训练集和验证集都包含大量的正面情感文本和负面情感文本数据。

(2) 使用训练集对支持向量机模型进行训练。在这个过程中,模型将根据输入的文本特征学习判断情感的能力。

(3) 可以使用验证集来选择模型的超参数。在这个例子中,调整的超参数可能包括惩罚因子 C、核函数类型(线性核、多项式核、径向基核等)、核函数参数(如多项式核的阶数)等。我们可以尝试不同的参数组合,并使用验证集评估模型的性能。

（4）在尝试了多种参数组合之后，如果训练数据足够多，我们可以直接保存在验证集上表现最佳的模型及其对应的超参数设置，作为最终模型使用；如果训练数据较少，可以考虑在训练集和验证集的所有数据上重新训练一个模型，以期获得更优的模型。

（5）使用测试集对最终训练后的模型进行评估，以获得其在未知数据上的泛化性能。

在这个例子中，我们使用验证集来选择支持向量机模型的超参数，即选择在验证集上性能最好的参数组合，这有助于提高模型在未见过的数据上的泛化性能。

也就是说，我们在训练集上进行训练。训练完成后，我们需要评估模型效果，并根据效果调整模型的超参数。在这个过程中，我们使用的就是验证集。只有当模型的参数全部调整完毕后，我们才会用测试集进行最终的评估，这时得到的结果才是分类器的真正性能表现。然而，在实际操作中，有时候我们会看到一些论文作者在测试集上进行模型选择和参数调整，这样做在原则上是不正确的。因为这样会导致测试集的信息"泄露"到模型调整过程中，从而使得最终的评估结果无法真实地反映模型在未知数据上的性能。所以，在实践过程中，我们需要非常注意这个问题，正确地使用训练集、验证集和测试集。

那么，假如你现在一共有 10 000 条数据，你如何来对这些数据进行划分呢？假如你有 100 万条数据，又如何处理呢？在不同的情况下，训练集、验证集和测试集各自多大才比较合理呢？

在传统的模式识别系统中，我们通常将数据集的 70% 作为测试集，剩余的 20% 作为验证集，10% 作为测试集（图 7.2）。然而，随着现在深度学习使用的数据量越来越大，这个比例可以根据实际情况进行调整。也就是说，当样本集足够大时，验证集和测试集所占的比例可以适当降低。比如让训练集占到全部样本集的 80% 甚至 90%。但是具体降低到什么程度呢？这要根据问题的实际情况来确定。对于验证集而言，我们需要确保这

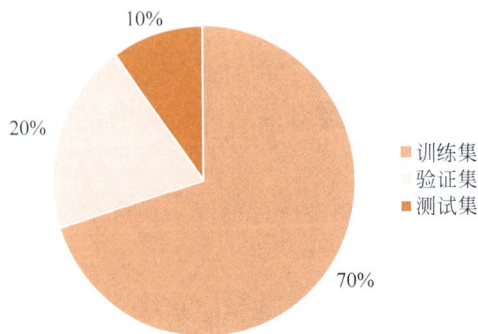

图 7.2　样本集划分示例

个被划分的验证集的大小能够检测出模型的小幅度改进。例如,在某次参数调整后,模型性能提高了 0.1%。如果验证集非常小,这个微小的提升可能会被测试误差所掩盖,从而无法检测出来。因此,我们需要确保验证集的大小足以让我们观察到这种小幅度的改进。因为哪怕模型的性能每次只提高 0.1%,在不断地进行参数调整和性能提升累积后,这些小幅度的改进可能会最终达到 1% 甚至更高的性能提升。同时,我们的测试集也不能过小,尤其是在该系统需要比较好的泛化性能时,足够大的测试集才能够更加准确地验证出模型的真实性能。

　　总之,在实际操作中,我们应该根据样本集的大小和具体需求来合理地划分验证集和测试集,以便能够有效地检测模型的改进。同时,我们还需要不断地调整模型参数,并在实践中积累经验,以提高模型的性能。

> 关于样本集划分的注意事项如下。
> (1) 通常可以按照 7:2:1 的比例来对训练集、验证集和测试集进行划分。
> (2) 当样本数据量非常大时,验证集和测试集的比例可以适当减小。
> (3) 关注验证集对参数变更的敏感度,以能检测出模型性能的微小变化为最低标准。

7.1.3　样本集的分布

　　在理想的世界里,我们希望训练集、验证集和测试集的分布都能与现实中的应用场景相吻合,就像完美的拼图,每个部分都能无缝对接。但现实往往并不那么美好,尤其是在一些领域(比如医学图像处理),训练数据可能会捉襟见肘。这时,我们可以尝试使用其他类似的样本用于我们的训练。但是,尽管我们可以接受训练集分布与验证集和测试集无法完美匹配的问题,但也不能大相径庭,否则,就像试图将一幅印象派名画的拼图拼成现实主义大作,这显然不太现实,模型可能难以收敛,甚至在现实应用中表现糟糕。

　　假设我们现在手头有一个大型标准数据库和一小部分自己收集的样本。这时,如果我们像调制鸡尾酒一样把这两部分数据混在一起,然后再划分训练集、验证集和测试集,那将是一种"不伦不类"的做法。正确的方法应该是将大型数据库用于训练,然后用自己采集的那部分样本进行验证和测试。这样一来,我们的验证集和测试集的分布会更贴近实际应用场景,就像选手在比赛前进行了一次现场适应训练,为正式比赛做好了准备。

总的来说，处理数据时，我们希望训练集、验证集和测试集的分布都一致，但是如果这很困难，我们要努力让验证集和测试集的分布与实际应用场景尽可能一致，这样才能使模型在实际应用时有更好的表现。

7.2   如何构建一个好的系统——迭代优化和性能指标

在开始讨论性能评价指标之前，有一个容易被忽视的问题——我们需要根据问题的特点，先设定计算资源、存储空间和运行时间的可接受范围。一个好的模式识别系统绝不仅是关注准确率的高低，还要考虑其他因素，例如计算资源和运行时间。

举个例子，假设有 A、B、C 三个人脸识别分类器（图 7.3）。A 分类器的准确率是90%，运行时间是 80 毫秒；B 分类器的准确率是 95%，运行时间是 95 毫秒；C 分类器的准确率是 98%，运行时间是 1500 毫秒。哪个更好呢？有些读者会觉得，当然是 B 分类器更好，因为它又快又准，有良好的综合性能。但是实际上，这三个分类器无法直接比较，一定要先看具体的应用场景。

图 7.3   人脸识别示例

比如，如果我们要在手机上使用人脸识别，那么分类器 B 可能是一个不错的选择，因为它在保持较高准确率的同时，运行时间也比较短。但是如果我们把人脸识别用在普通单位或者学校的入口，那么分类器 A 就更合适了，毕竟比起不让任何一个外来人员进入，人脸识别速度过慢导致的入口拥挤让人更加难以接受。而假如我们要在保险箱上使用人脸识别，高准确率的分类器 C 可能就更好，因为保险箱的安全性至关重要。至于运行时间，我们可以稍微放宽要求，毕竟在这个场景下，几秒的差别并不会造成太大的困扰。

所以，根据问题的特点和应用场景，我们需要为问题设定合适的评价指标和可接受范围，从而为不同场景选择最合适的分类器。这就像我们选择一部手机，既要看它的性能，也要考虑电池续航、价格等因素。这样，就能确保我们的系统在保证性能的同时，实现更好的优化和应用适应性。

7.2.1　关于迭代优化的建议

在确定要解决的实际问题之后，我们可以设定一系列评价指标来帮助我们判断当前模型的性能，从而确定模型迭代优化的改进方向。我们会讲到敏感性、特异性、准确率和 F_1 值等几个关键指标，给读者一些关于优化指标如何设定的概念。设定了优化指标之后，我们可以根据这些指标来进行误差分析和迭代优化，最终构建一个较完整的模式识别系统。

在模式识别中，即使你是一个非常有经验的选手，通常情况下，你想到的第一个点子大概率也是不好用的。这个时候，你要摆好心态，做好迭代优化的准备。我们常把学习者分为两类人：一种是理想主义者，他们总是等到想出一个好的方案再动手，但往往花很长时间都想不出一个好的方案来；另一种是实践主义者，他们往往先设计一个基本的框架，然后进行快速的迭代优化。经验告诉我们，实践主义者的方法通常更加有效。

这里，关于迭代优化，我们也有一个小的建议给到读者。我们推荐初学者在短时间内设计一个解决问题的基本框架。这个过程尽量在几天内完成，最多不要超过几周。然后，快速构建一个简单的原型系统，运用大致确定的模型和方法，将原型系统运行起来，我们就会发现新的线索和问题，从而找到改进的方向。在整个迭代优化的过程中，我们需要建立特定的开发目标和度量指标来帮助我们进行快速迭代。要相信每次改进 0.1% 都是有意义的，只要我们能将这些优化积累起来，最终应该能得到一个相当不错的结果。

迭代优化是一个重要的过程，我们要通过多次尝试和改进，逐步提升模式识别系统的性能。其中，选择合适的评价指标能确保模型朝着正确的方向进行优化，这样才能更好地解决实际问题，并最终实现模式识别系统的完善。下面，我们就来认识一些具体的指标，它们在模式识别中非常常见，用于衡量模型的性能和有效性。

7.2.2　具体的指标

1. 错误率和拒识率

我们先来介绍两个非常常用的性能指标：错误率和拒识率。如果对 m 个样本分类，

m_r 个被拒识，m_e 个被分类错误，则

$$错误率：P_e = \frac{m_e}{m - m_r}$$

$$拒识率：P_r = \frac{m_r}{m}$$

　　错误率我们比较熟悉，也就是我们常常最关心的，评价你的模式识别系统对待测数据分类是否正确的指标。而拒识率，则是一个实际问题中非常常用，但是更容易忽略的指标。从公式可以看出，引入拒识机制可降低错误率。所谓拒识指的是当我们无法判断某个样本属于哪个类别时，选择拒绝识别的情况。典型的应用场景就是 ATM 存钱（图 7.4）。可能有些读者已经很久没用过现金了，但如果你现在有一些现金并且要去 ATM 把这些现金存起来，你会发现机器数完钱后常常会吐出一些钞票。ATM 并不会告诉你这些钞票是真是假，而是直接拒绝识别，因为它无法百分之百保证这些钞票的真实性。

图 7.4　ATM 存钱

　　在实际问题中，我们允许有一定的拒识率，从而保证模式识别的正确率。当然，在不同问题下拒识率可能会有所不同。例如，在自动驾驶领域，有二级辅助驾驶和三级辅助驾驶。在某些路况下，系统可以进行辅助驾驶，但要求驾驶员的手不能离开方向盘，这也是由于辅助驾驶允许一定的拒识率。假设这时候我们遇到了一个圆形的物体，它可能是个坑、石头或者仅仅是地面上的一个图形，但是自动驾驶系统没有办法进行特别准确的识别，这时，系统就可以采取拒识策略，并发出警报让驾驶员接管。虽然拒识率不能太高，但是有一定的拒识率总比自动盲目行驶要好。所以，在实际应用中，拒识率是一个很

重要的性能指标,引入拒识机制可以有效地降低错误率,提高系统的整体性能。不过,我们需要根据不同的问题和应用场景来合理地调整拒识率,以达到最优的识别效果。

2. 敏感性和特异性

我们接下来要聊的是模式识别在医学相关领域中经常使用的两个性能指标:敏感性和特异性。顺便也提一下假阳性率这个指标。假如有一群人去医院做检查,病人和分类结果如表 7.1 所示。

表 7.1　病人和分类结果

病　　人		分　类　结　果	
		阳　　性	阴　　性
实际类别	患者	a	b
	正常人	c	d

敏感性(真阳率):患者被诊断出来的比例,$P_s = \dfrac{a}{a+b}$。

特异性:正常人不被误诊的比例,$P_n = \dfrac{d}{c+d}$。

假阳率:正常人被误诊的比例,$P_F = \dfrac{c}{c+d}$。

首先敏感性也可以理解为真阳率,指的是患者被正确诊断出来的比例。有时我们的分类器并不能完美地检测出所有的患者,有些患者可能会被漏掉。敏感性就衡量了我们成功检测出患者的能力。以病毒检测为例,假如有 100 个人参与检测,其中有 3 个患者,但是只检测出来 2 个患者,有 1 个患者没有被检测出来。这就是因为检测方法的敏感性不够高,为了确保结果的准确性,我们经常需要多次进行重复检测。

其次是特异性,根据公式,可以看出它表示的是正常人不被误诊的比例。与特异性相对应的指标是假阳率,即正常人被误诊为患者的比例。

显然,在实际应用中,我们希望分类器的敏感性越高越好,同时假阳率越低越好。然而,你会发现,当我们调整分类器的参数以提高敏感性时,假阳率可能会相应地上升。还是以病毒检测为例,实际操作中,医生采集病毒后会将病毒进行多轮培养,最后根据病毒载量的预定阈值判断样本是阳性还是阴性。调整这个阈值,就可以在一定程度上平衡敏感性和假阳率。也就是说,阈值越高,检测的真阳率就越低,假阳率也会越低,结果是我们更不容易发现患者,但是一旦发现了大概率就是真正的阳性患者;相反,阈值越低,检测的真阳率就越高,假阳率也会越高,"宁可错杀不可放过"说的就是这种情况。

3. ROC 和 AUC

敏感性和假阳率之间往往存在一定的冲突,一个指标变好了,另一个指标可能会变坏。而我们在判断分类器好坏时,往往希望用一个单一指标来评估,不然我们很难确定一个模型改进的方向。这时,我们经常用到的指标就是 ROC 曲线(图 7.5)。它通过改变分类器的参数,测试分类器在不同参数下对同一个样本集的敏感性和特异性。

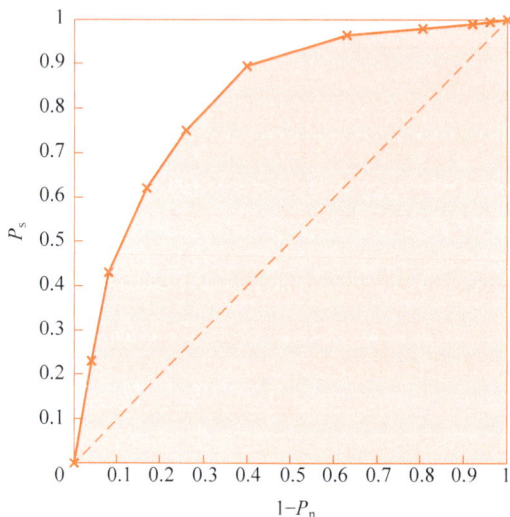

图 7.5　ROC 曲线

我们来看一个例子,对于一个二分类问题:根据给定的症状判断一个人是否患有某种疾病。我们已经训练好了一个分类模型,并用它为验证集中的每个样本预测患病的概率。

为了绘制 ROC 曲线,我们需要在多个阈值上计算敏感性和假阳率。从 1 到 0 遍历阈值,如下所述。

(1)选择一个阈值,例如 0.7。对于每个预测患病概率大于或等于 0.7 的样本,我们将其判断为患病;小于 0.7 的样本,我们将其判断为未患病。

(2)计算此阈值下的敏感性和假阳率。敏感性等于真正例数(实际患病且被正确预测为患病的样本数)除以实际患病样本数;假阳率等于假正例数(实际未患病但被错误预测为患病的样本数)除以实际未患病样本数。

(3)在 ROC 图上绘制一个点,该点的横坐标值为假阳率,纵坐标值为敏感性。

（4）更改阈值，重复第（1）～（3）步，将所有点连接起来，形成 ROC 曲线。

ROC 曲线是一个可视化的指标，它首先可以帮助我们选择最佳阈值，使得模型在特定任务中达到最佳性能。例如，如果我们关心尽可能减少将未患病的人误判为患病，我们可以选择 ROC 曲线上假阳率较低的点对应的阈值。但是要更深入地理解这条曲线，我们还需要关注它下方的面积，这个面积被称为曲线下面积（Area Under Curve，AUC）。一般来说，AUC 越大，说明分类器在各种参数下的性能越好，所以也可以直接用 AUC 来比较分类器的性能。如果曲线是一条从左下角到右上角的直线，则 AUC＝0.5，那么说明分类器是一个随机分类器，性能没有任何优势。而如果曲线下方的面积越接近 1，说明分类器越接近完美，能够准确地区分患者和正常人。一个较好的分类器会在不同参数设置下都有较好的性能，得到相对较大的 AUC 值。所以，在评估分类器性能时，我们可以根据 ROC 曲线的 AUC 值来判断其好坏。

4. 准确率、召回率和 F_1 值

最后我们来介绍信息检索领域中的两个常用指标：召回率和准确率。假设我们要检索一些信息，如表 7.2 所示。

表 7.2　信息检索

信息		分类结果	
		检 索 到	未 检 索 到
实际类别	相关	a	b
	不相关	c	d

召回率（查全率）：相关的信息中被检索出来的比例，$R \approx \dfrac{a}{a+b}$。

准确率：检索到的信息中，与主题相关的比例，$P \approx \dfrac{a}{a+c}$。

召回率表示在所有相关信息中，有多少比例的相关信息被检索到。召回率在某种程度上类似医学领域中的敏感性。以搜索引擎为例，当你在搜索引擎中输入一个关键词时，召回率指的是所有相关网页中，有多少比例的网页被搜索引擎检索到并呈现在结果页面上。准确率关注检索到的信息中，有多少比例是实际相关的，即在检索到的结果中，和目标主题相关的信息所占的比例。继续以搜索引擎为例，当你在搜索引擎中输入一个关键词时，准确率指的是，在结果页面中，与你实际想要查找的主题相关的网页所占的比例。

除了搜索引擎，我们还可以用电子邮件的垃圾邮件过滤（图 7.6）作为例子。在该应用中，召回率表示所有垃圾邮件中，有多少比例的垃圾邮件被正确地识别并过滤。准确率表示在所有被过滤出来的邮件中，有多少比例的确是垃圾邮件。

图 7.6　垃圾邮件过滤

召回率和准确率也是两个相互制衡的指标。在实际应用中，很难同时优化这两个指标。为了解决这个问题，我们引入了一个综合性指标：F_1 值。F_1 值是召回率和准确率的调和平均值，它将两个指标综合在一个数值里。

$$F_1 = \frac{2}{\frac{1}{R} + \frac{1}{P}} = \frac{2RP}{R + P}$$

使用 F_1 值可以帮助我们更快地作出决策，因为它提供了一个更清晰的分类器性能排名。这样，我们就可以更明确地确定后续改进的方向。

在本节中，我们介绍了几个在模式识别系统中非常常用的评价指标，你可以根据具体问题，选择合适的指标来优化系统。值得注意的是，有一些指标，例如敏感性和假阳率、准确率和召回率等常常是相互制衡的。这个时候，选择单一指标（如 AUC、F_1 值）往往可以帮助我们更清晰地评估分类器性能，并确定系统的优化方向。

7.2.3　性能评价试验

模式识别的目标是通过从数据中学习，创建能够作出预测或者决策的模型。但是，我们怎么知道模型是否真的学到了有用的东西呢？这就是性能评价试验的重要性所在。性能评价试验，或者称为模型评估，有两个主要目的。

一是验证模型是否有效：我们训练模型的目的是让它在新的、未知的数据上作出准确的预测。性能评价试验通过在一个独立的测试集上评估模型，可以帮助我们了解模型在处理未见过的数据时的表现。这就像学生在学校学习后,需要考试来验证他们是否真的理解了所学的知识。

二是比较不同的模型:在机器学习中,我们经常需要比较几种不同的模型或者设置,来看哪个最好。性能评价试验提供了一种公正、一致的方式来比较不同模型的性能。这就好像我们考试时,不同的班级用的是同一套卷子,可以公平公正地检测所有学生的学习情况(图 7.7)。

图 7.7　班级考试

除此之外,性能评价试验还可以帮助我们理解模型的优点和缺点,为改进模型提供方向。例如,我们可以了解模型在哪种类型的任务上表现好,在哪种类型的任务上表现差,然后有针对性地进行调整。

这里我们简单介绍三种常见的机器学习模型性能评估方法:两分法(Holdout)、交叉验证(Cross Validation)和 Bootstrap。

两分法:两分法就是随机将训练样本集划分为不相交的两个子集,两个子集分别用于训练、测试,重复 k 次后取均值。这有点像是让学生进行期末考试。我们把所有的数据(就像我们的学习内容)分成两部分:一部分是训练集(学习的过程),另一部分是测试集(期末考试)。模型先用训练集进行学习,然后用测试集来评估性能。就像我们学习一学期,然后在期末的时候进行一次大测试,试题一定不是我们课上讲过的原题。但是,两分法的问题在于只能使用一部分样本进行训练,而且如果测试集和训练集的数据分布不均,可能会影响性能评估的准确性。

交叉验证:交叉验证是两分法的升级版。假设我们有一些生物学的书,我们希望通过阅读这些书让模型学习生物学的知识。我们通常会把这些书分成几部分。例如,我们把它分成了 10 部分,用其中 9 部分来教模型(也就是训练模型),接着用剩下的那一部分来测试模型学到了多少(也就是验证模型)。然后我们换一部分做测试,其他部分做训练。重复这个过程,直到所有的部分都被用来测试过。最后,我们看看模型在所有的测试部分的平均表现如何。这就是常见的 K 折交叉验证(K-Fold Cross Validation)方法。如果还是用刚才学生考试的例子来理解,这次我们不是进行一次期末考试,而是进行很多次。我们把数据分成 K 部分,然后进行 K 次训练和测试,每次选不同的一部分作为测试集,其余的作为训练集。这样,每个样本都有机会作为测试集出现。在所有的测试上得到的平均成绩,就是模型的最终评估结果。交叉验证可以帮助我们更好地了解模型的性能。如果我们只用固定的一部分来测试模型,那么模型可能会特别擅长解决那部分的问题,但在别的部分上表现不好。交叉验证就像是让模型参加全科的考试,虽然需要花费更多的计算时间,但是可以更全面地评估模型的性能。

Bootstrap:Bootstrap 方法是有放回地抽样。我们从原始的数据集中,有放回地随机抽取一些样本,构建新的数据集。这个新的数据集和原始数据集有相同的数量,但是由于是有放回地抽样,其中一些样本可能被抽到多次,而一些样本可能一次都没被抽到。然后我们在这个新的数据集上训练模型,用未被抽取的样本(也称为"袋外"数据)进行测试。重复这个过程多次,取平均结果作为模型性能评估依据。Bootstrap 方法允许我们用一个小数据集进行多次训练和测试,提高了数据的利用率。但是,由于是有放回地抽样,也可能导致一些样本被过度表示,而一些样本被忽视。

这三种方法都有各自的优缺点,适用的情况也各不相同。在实际的机器学习任务中,我们需要根据具体的任务和数据情况来选择最合适的方法。性能评价试验是机器学习的重要组成部分,它帮助我们验证模型的有效性,比较不同模型的性能,并为模型的改进提供方向。

关于迭代优化的注意事项如下。

(1) 当探索一个全新的应用时,在尽可能短的时间内选择原型系统和评估指标,把基本框架搭建起来。

(2) 验证集(也叫开发集)与测试集的数据分布必须相同,而训练集可以不一致。

（3）单值评估指标可以快速评估算法并加速迭代过程。

（4）当你考虑多项指标时，可以将它们整合到一个表达式里，比如 F_1 值就是一个非常典型的调和平均指标。针对具体问题，你可以为多项指标分别加权，得到优化指标。但要注意，自定义指标可能难以实现公平且受认可的比较。

（5）迭代是一个重要的过程，你可能需要尝试很多想法才能找到最终令人满意的方案。

7.3　误差分析——偏差和方差

在确保训练时间充足、模型已经达到预期的收敛效果后，就可以开始误差分析。误差分析通常在模型已经过充分训练的情况下进行，以避免因训练不足导致的误判。在这时，你可以利用已有的迭代原型和评估指标开始实验。在实验过程中，你可能会发现许多被错误分类的样本。此时，收集这些错误样本并进行人为查看是非常有帮助的。同时，你可以运用可视化方法，将特征、中间结果和损失曲线展示出来，以帮助你更好地进行误差分析。

当处理大型验证集时，可以将其分为两部分：Eyeball（用于人工检查）和 Blackbox（用于分类效果评估）。这样做有两个好处：首先，提高工作效率，因为你只需要检查 Eyeball 中的错误；其次，可以预警过拟合问题，比如，如果你发现在 Eyeball 上的性能持续提升，但在 Blackbox 上的性能却没有明显改善，这可能意味着模型在过拟合 Eyeball。这时，你应该注意调整模型的结构复杂度，以防止过拟合的发生。

此外，当你进行误差分析时，尽量从具有代表性的错误样本开始。不要陷入个别案例的修复，而忽略了整体的模式。同时，保持对模型改进的耐心，一次只尝试一个或少数几个想法。一旦观察到性能的显著提升，就对相应的变量进行调整。在整个过程中，务必关注总体目标，而不是纠结于个别指标。

当然，在训练模型的过程中，我们可能会遇到一些挑战。例如，模型的训练速度可能较慢，或者模型在某些任务上性能不佳。在面对这些挑战时，我们可以采取一些策略来改进模型，比如可以通过调整网络层数、神经元数量、激活函数等因素来优化模型架构；调整学习率、批次大小、正则化系数等超参数；尝试使用更先进的优化算法（如 Adam、RMSProp 等）来提高模型性能；借用在其他任务上预训练好的模型进行迁移学习等。对于不同的问题和场景,你可能需要采取不同的策略来优化模型,关键在于快速迭代、持续改进。这时,误差分析就显得极为重要了。只有知道当前模型的问题出在哪里,才能够选择合适的改进方案,提升模型效果。

7.3.1　误差的构成——打中靶心的关键

在误差里面,有两个非常重要的概念:偏差(Bias)和方差(Variance)。首先,让我们来聊聊偏差。偏差是指模型在训练集上的错误率。在训练一个模型时,我们的训练目标通常都是期望损失函数的差值最小。这样最后得到的模型,如果在训练集上仍然有错误,我们就称之为偏差。方差是指验证集上的错误率与训练集上的错误率之间的差值。举个例子,假如在训练集上学到了一定程度的知识,我们希望在验证集上也能有相似的表现。如果训练集和验证集上的错误率差距很大,那么我们就需要考虑模型是否过拟合了。

如果你还是不太明白,我们再来举个射箭打靶的例子(图7.8)。

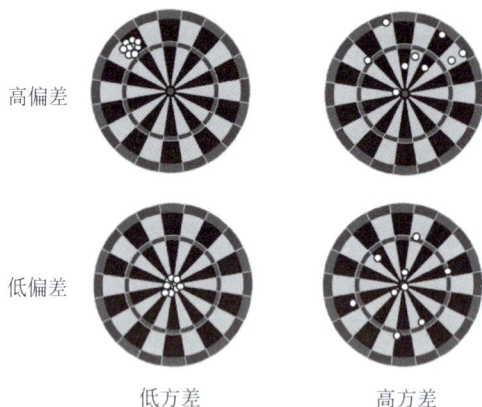

图 7.8　从射箭打靶看偏差和方差

偏差:偏差描述的是我们的预测值(箭)远离真实值(靶心)的平均值。如果我们每次射箭都偏离了靶心,比如每次都射到了靶心的左边,那就说明我们的预测有很大的偏差。这就好比我们射箭时使用的弓的瞄准器出了差错,每次射箭时我们以为瞄准的是靶心,其实是另外的地方。因为是瞄准器出了问题,就算我们是一个神箭手,每次都能准确地射中瞄准的地方,也很难打中靶心。在机器学习中,一个高偏差的模型可能对数据的真实规律理解得不准确,常常表现为在训练集和测试集上的性能都不好,也就是说,模型的预测结果偏离了真实的值。

方差：方差描述的是我们的预测值（箭）之间有多大的差距。如果我们每次射箭的地方都非常接近，那就说明我们的预测有很低的方差。但是，如果我们每次射箭的地方都相差很远，那就说明我们的预测有很高的方差。这就好比是射箭时我们用的箭质量不太好，尽管每次都瞄准了同一个地方，但箭最终却落在了靶的不同位置上。在机器学习中，一个高方差的模型可能过于强调对训练数据的拟合，以至于在新的、未见过的数据上表现不好，也就是说，模型在面对不同的数据时，预测结果的变化非常大。

最终，我们可以把总误差看作偏差与方差之和。一个模型可能有高偏差和低方差，也就是说，它可能对数据的真实规律理解得不够，但是对不同数据给出的预测都很稳定。另一个模型可能有低偏差和高方差，也就是说，它可能对训练数据学习得非常好，但是对于未见的数据可能表现得不好。我们的目标是找到一个既有低偏差又有低方差的模型，也就是射箭时，既能射得准确又能射得稳定。通过将误差分为偏差和方差，我们可以更有针对性地进行改进。

值得注意的是，偏差和方差的概念与我们在前面提到过的过拟合（Overfitting）和欠拟合（Underfitting）的概念有着极大的关联。从误差的角度来说，偏差描述的是模型预测值与真实值的平均差距，即模型的预测准确度。高偏差可能意味着模型太简单（欠拟合），无法捕获到数据中的全部复杂性或模式。方差描述的是模型对不同测试集的预测结果的变化程度，即模型的预测稳定性。高方差可能意味着模型太复杂（过拟合），过度依赖训练数据中的随机噪声，而无法很好地泛化到未见过的数据。反过来，从模型的角度来看，当模型过于复杂时，它可能会学习到数据中的每个细节，甚至包括噪声。在这种情况下，模型在训练数据上的表现可能非常好（低偏差），但是当遇到新的、未见过的数据时，它的表现可能就会下降（高方差），这就是过拟合。相反，如果模型过于简单，那么它很难捕获到数据中的全部复杂性或模式。在这种情况下，模型在训练数据和新数据上的表现可能都不好（高偏差），这就是欠拟合。在实践中，我们希望找到一个平衡，使模型的偏差和方差都保持在合理的范围内，这就是所谓的"偏差-方差权衡"。也就是说，我们需要找到一个适当复杂的模型，使得模型既不会过拟合（高方差），也不会欠拟合（高偏差）。这个平衡点的寻找，往往需要通过实验和经验来完成。

在理解了偏差和方差、过拟合和欠拟合的关系之后，你应该能够想到如何判断我们的模型具体是出了什么问题了。我们需要做的事情就是在训练集和验证集上分别统计错误率（当然你可以使用任何我们前面提到的或是自己定义的评价指标，这里仅以错误率为例)。假设训练集上的错误率为 15%,而验证集上的错误率为 30%,那么我们可以看出这个模型的偏差和方差都比较高,属于刚开始训练的状态。不过别担心,多训练几次,模型就会开始进化,性能也会有所提升。在迭代训练的过程中,模型的错误率可能会出现两种情况(图 7.9)。

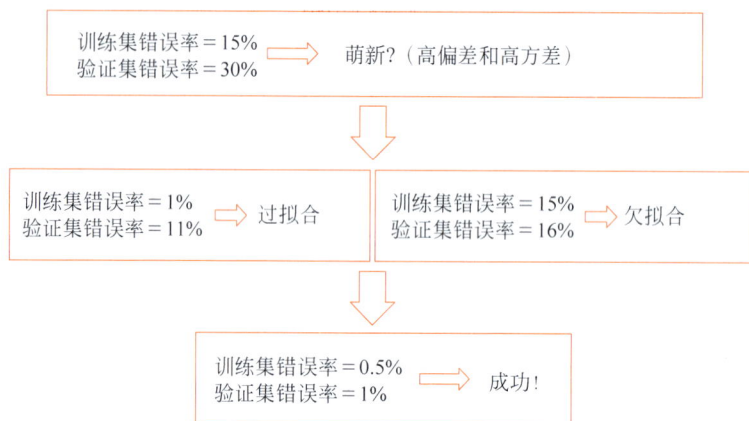

图 7.9　通过训练集和验证集上的错误率判断过拟合与欠拟合

第一种情况:训练集上的错误率非常低,例如 1%,说明模型在训练集上训练得非常好。如同我们在分类任务中,有时学出的分类界面非常复杂,这样一来,它对现有数据的分类效果自然会很好。然而,在另一个数据集(验证集)上验证时,会发现验证集错误率非常高。这就说明模型过拟合了,没有学到真正有用的知识。

第二种情况:训练集和验证集上的错误率差不多,都较高。这说明模型尚未过拟合,但由于训练集错误率仍然过高,表明模型还没有学到足够的知识,也就是所谓的欠拟合。这种情况可能是因为模型太简单,无法学习到有效信息。

显然,我们的最终目标是让训练集错误率和验证集错误率都保持较低水平,且二者之间差距较小。所以,在发现了模型的问题之后,我们具体应该怎么做呢?

7.3.2　降低偏差的技术

由于偏差主要是由模型的欠拟合带来的,可以通过增加模型的复杂度和采用更强大的学习算法来降低模型的偏差。以下是一些常用的降低偏差的方法。

增加输入特征维度:比如,你在做一个预测房价模型时,原来只使用了房子的面积这一个特征,因为实际上房价还会受到诸如地段、房龄、学区等因素的影响,显然仅考虑房价单一特征的模型容易产生高偏差。也就是说你的模型因考虑因素太少而无法学习到真正的房价变化趋势。此时,你可以增加更多的特征,比如房子的地段、楼层和建造年份等,使模型更复杂,这样模型就能够更好地学习数据中的规律,从而降低偏差。

使用更复杂的模型:假如你原来只用肉眼观察星星,但现在你有了一台天文望远镜,你就可以看到更远、更多的星星。放到模式识别中来就是,比如你原来使用的是三层神经网络结构,但你发现它的偏差较高,那么你可以尝试使用更复杂的模型,比如增加网络的层数、神经节点的个数等。

增加训练时间:这就像是你原来只用一天的时间来学习一个新的技能,你可能没办法完全掌握,但现在你决定用一个月的时间去学,那么你就很可能学得更好。同样地,如果模型的偏差较高,你可以尝试增加模型的训练时间(增加训练轮数),让模型有更多的机会去学习和适应数据中的规律。或许在时间增加到某个临界点之后,偏差就会降到可以接受的程度。

更好的学习算法:比如,你可以使用更优秀的优化算法(如 Adam、RMSProp 等)或者更好的初始化技巧,帮助模型更有效地学习数据中的规律。

总结一下,降低偏差主要是通过让模型"学习得更多"来实现的,包括增加输入特征维度、使用更复杂的模型、增加训练时间等方式。这样,模型就能够更好地学习和理解数据中的复杂规律,从而降低偏差。但需要注意的是,增加模型的复杂度可能会提高模型的方差,也就是可能会导致过拟合。因此,我们需要在模型的复杂度和泛化能力之间找到一个平衡,即"偏差-方差权衡"。

7.3.3　降低方差的技术

类似的思路,由于模型过拟合是造成方差高的主要原因,因此,通过简化模型和采用更多的数据来训练模型是降低模型方差的有效手段。以下是一些常用的降低方差的办法。

简化模型:这就像是你在学习时,从背诵大量的信息,变为了理解和掌握核心的知识。还是使用刚才预测房价模型的例子,比如你在建立这个房价预测模型时,使用了大量的特征,如房子的面积、地段、楼层、建造年份、装修情况、附近的公共设施等。然而,实际上,房价有时候可能仅与人口和经济形势有关,这么多的特征可能会导致模型的复杂度过高,产生高方差。此时,你可以通过特征选择或者特征降维等方法,简化模型,保留最重要的一些特征,从而降低方差。

获取更多的训练数据：这有点像是你在学习时，从只阅读一本书，变为了阅读多本书（图 7.10）。如果模型的方差较高，你可以尝试获取更多的训练数据。增加训练数据总是可以帮助我们降低方差，因为更多的数据可以帮助模型更好地理解数据的总体分布。同时，增加训练数据的方法只会降低方差，并不会提高偏差，是一个理论上很好的方案。但是，在解决实际问题时，我们通常是已经应用了所有能够找到的有效训练数据了，获取更多的训练数据反而是一个不太容易实施的方案。

图 7.10　通过阅读多本书（获取更多的训练数据）来降低方差

使用正则化：在机器学习中，正则化是一种用于防止过拟合的技术。它通过在模型的损失函数中添加一个额外的惩罚项，来约束模型的复杂度，从而降低模型在训练数据上过拟合的风险。常见的正则化方法包括 L1 和 L2 正则化，它们分别通过不同的方式限制模型参数的大小或数量，使模型更加简化和稳健。

集成学习：这就像是你在学习时，不只听一位老师的讲解，而是听多位老师的讲解，然后把他们的观点综合起来。在机器学习中，集成学习就是训练多个模型，然后让这些模型共同作出决策。集成学习可以显著降低模型的方差，提高模型的稳定性。

总的来说，降低方差主要是通过简化模型、获取更多的训练数据、使用正则化和集成学习等方式。这样，模型就能够更好地抵抗噪声和异常值的影响，更稳定地作出预测，从而降低方差。需要再次强调的是，降低方差的方案往往伴随着偏差的提高，即模型的过度简化可能会导致欠拟合。在调整的过程当中，我们始终需要注意在模型的复杂度和泛化能力之间找到一个平衡，使最终的模型在实际应用中达到期望的效果。

7.4　本章小结

在本书的最后，我们深入探讨了模式识别系统的开发与评价，提供了构建健壮的模式识别系统所需的关键知识和技术。从最初的样本集构建开始，我们强调了构建能够代表真实场景的样本集的重要性。通过有效的样本集构建，可以为模式识别系统关键模型的训练提供坚实的基础，增强其鲁棒性和泛化能力。另外，我们还解释了样本集的适当划分对于模型训练的重要性。训练集、验证集和测试集的划分应根据实际应用的需要进行优化，以确保模型在真实世界场景下能够具有最佳表现。

然后，我们介绍了分类器性能的评价，讨论了如何利用准确率、召回率等指标来评估分类器的表现。这些评价指标不仅帮助判断分类器在不同情况下的适用性，也为整个系统的优化提供了量化的依据。深入理解这些指标，有助于开发者更好地衡量和改进模式识别系统的性能。

最后，我们讨论了模式识别系统中可能遇到的不同误差类型，如偏差和方差，并提供了相应的解决策略。通过识别和理解偏差与方差产生的原因，可以采取合适的措施进行调整。持续的迭代和优化是提升系统性能的关键，通过这些过程，系统能够逐渐适应实际需求，提高其可靠性和准确性。

通过本章的讨论，你应该能够了解到构建和评价一个高效的模式识别系统涉及多个层面的考量。从数据预处理和样本集构建到性能评估和误差分析，每个步骤都需要精心设计和执行，以确保最终系统的有效性和适应性。但是，需要特别强调的是，没有一种方法是适用于所有情况的。在实际应用中，你选择的方法应当最适应你正在处理的特定数据类型和问题。同样，评价一个系统的成功不仅在于其精度，还包括它的实用性，如算法的复杂度、实现的难易程度和运行效率。此外，虽然本章集中讨论了分类结果的评价，但实际操作中我们同样不能忽视算法的时间和空间效率。一个理想的模式识别系统不仅需要准确，还应当是高效并且可行的。在你的职业生涯中，无论是学术研究还是行业应用，这种平衡的艺术是你需要不断追求和完善的。

最后，我希望这本书不仅能够为你打开模式识别知识的大门，还能点燃你对这一领域深入研究的热情。模式识别是一个既富有挑战性又充满机会的领域，它在等待着像你这样充满好奇心和毅力的探索者来设计新方法，解决更为复杂的问题。